Wissenschaft und Forschung im geteilten Deutschland

SCHRIFTENREIHE
DER GESELLSCHAFT FÜR DEUTSCHLANDFORSCHUNG
BAND 24

Wissenschaft und Forschung im geteilten Deutschland

Herausgegeben von

Gernot Gutmann · Siegfried Mampel

Duncker & Humblot · Berlin

CIP-Titelaufnahme der Deutschen Bibliothek

Wissenschaft und Forschung im geteilten Deutschland / hrsg.
von Gernot Gutmann; Siegfried Mampel. — Berlin: Duncker
u. Humblot, 1988
   (Schriftenreihe der Gesellschaft für Deutschlandforschung; Bd. 24)
   ISBN 3-428-06544-1
NE: Gutmann, Gernot [Hrsg.]; Gesellschaft für Deutschlandforschung:
   Schriftenreihe der Gesellschaft ...

Alle Rechte vorbehalten
© 1988 Duncker & Humblot GmbH, Berlin 41
Satz: Volker Spiess, Berlin 30
Druck: W. Hildebrand, Berlin 65
Printed in Germany
ISBN 3-428-06544-1

INHALT

Vorwort 7

Günter Lauterbach
Die Forschungs- und Technologiepolitik der DDR – Ziele, Förderungsmaßnahmen, Schwerpunkte, Ressourcen 9

Hartmut Schiedermair
Hochschulforschung als Nischenforschung 25

Carsten Kreklau
Möglichkeiten und Grenzen des Wissenstransfers in der Bundesrepublik Deutschland – Das Verhältnis von Grundlagen- und anwendungsbezogener Forschung 43

Klaus-Eberhard Murawski
Möglichkeiten und Grenzen einer wissenschaftlich-technischen Zusammenarbeit mit der DDR aus der Sicht der Bundesregierung 53

Helmut Giesecke
Möglichkeiten und Grenzen einer wissenschaftlich-technischen Zusammenarbeit mit der DDR aus der Sicht der Wirtschaft der Bundesrepublik Deutschland 67

Emil Schmickl
Empirische Befunde zur wissenschaftlichen Zusammenarbeit mit der DDR und den osteuropäischen sozialistischen Ländern 77

Literaturverzeichnis 95

Die Verfasser und die Herausgeber 99

VORWORT

Über Funktion und Bedeutung von Wissenschaft und Forschung als Orte der beständigen Suche nach Erkenntnis wie als unverzichtbare Voraussetzung humanen Fortschritts besteht in der Bundesrepublik Deutschland jedenfalls grundsätzlich weitgehende Übereinstimmung. An Fachtagungen und öffentlichen Diskussionen zu dieser Thematik hat es in der Vergangenheit wie in der Gegenwart nicht gefehlt.

Noch weniger und weitaus seltener aber als die Grundsätze, Ziele und Strategien der Forschungs- und Technologiepolitik der DDR hingegen sind bisher systemvergleichend Grundsätze, Ziele und Strategien von Wissenschaft und Forschung wie von Forschungs- und Technologiepolitik beider Staaten in Deutschland thematisiert worden. Hinzu kommt insbesondere nach Abschluß des am 6. Mai 1986 in Kraft getretenen Kulturabkommens mit der DDR die Notwendigkeit einer Analyse von Möglichkeiten und Grenzen wissenschaftlich-technischer Zusammenarbeit zwischen der Bundesrepublik Deutschland und der DDR, sieht doch Artikel 2 dieses Abkommens u. a. vor, daß die Abkommenspartner die wissenschaftliche Zusammenarbeit auf vielfältige Weise fördern sollen. Einen Beitrag zum Abbau der hier angesprochenen Informations- und Analysedefizite zu leisten, war das Anliegen, das die Gesellschaft für Deutschlandforschung mit ihrer wissenschaftlichen Arbeitstagung über „Wissenschaft und Forschung im geteilten Deutschland" am 5. und 6. März 1987 im Berliner Reichstagsgebäude verfolgte.

Die in diesem Band vorgelegten Referate der Tagung sind dementsprechend primär orientiert an einer system- und politikvergleichenden Problemstellung von Forschungs- und Technologiepolitik bzw. zur wissenschaftlich-technischen Zusammenarbeit.

So untersucht Günter Lauterbach (Institut für Gesellschaft und Wissenschaft an der Universität Erlangen-Nürnberg) auf der Grundlage einer eingehenden Analyse einschlägiger DDR-Veröffentlichungen Ziele, Förderungsmaßnahmen, Schwerpunkte und Ressourcen der Forschungs- und Technologiepolitik der DDR.

Den Defiziten staatlicher Hochschulpolitik und ihren Auswirkungen auf den Zustand universitärer Forschung in der Bundesrepublik Deutschland ist der Beitrag von Hartmut Schiedermair (Universität zu Köln) gewidmet. Vor dem Hintergrund aktueller hochschulpolitischer Diskussionen und einschlägiger Erfahrungen mit am Konzept sogenannten nützlichen Wissens orientierten Überlegungen zur Forschungspolitik in der Bundesrepublik wird hier insbesondere der Frage nachgegangen, ob in der „heutigen" Massenuniversität als Restbestand der „Reformuniversität" die Forschung in eine Nische gedrängt wird und dabei zur gerade noch in den Universitäten geduldeten Subkultur gerät bzw. schon auf dem Wege ist, die Universitäten zu verlassen.

Eine Bestandsaufnahme bundesdeutscher Grundlagen- wie anwendungsorientierter Forschung und der Möglichkeiten zur Unternehmenskooperation im Bereich von Forschung und Entwicklung unternimmt anschließend Carsten Kreklau (Bundesverband der Deutschen Industrie) in seinen Überlegungen zu „Möglichkeiten und Grenzen des Wissenschaftstransfers in der Bundesrepublik Deutschland – Das Verhältnis von grundlagen- und anwendungsbezogener Forschung".

Die folgenden drei Beiträge sind den Möglichkeiten und Grenzen einer wissenschaftlich-technischen Zusammenarbeit mit der DDR gewidmet. Während Klaus-Eberhard Murawski (Bundesministerium für innerdeutsche Beziehungen) deren Bewertung aus der Sicht der Bundesregierung behandelt, Helmut Giesecke (Deutscher Industrie- und Handelstag) Möglichkeiten und Grenzen der wissenschaftlich-technischen Kooperation mit der DDR aus der „Sicht der Wirtschaft" untersucht, thematisiert der abschließende empirische Befund von Emil Schmickl (Institut für Gesellschaft und Wissenschaft an der Universität Erlangen-Nürnberg) Entwicklung, Struktur und Intensität der wissenschaftlichen Kooperation mit der DDR und den osteuropäischen Ländern.

Abschließend ist es den Herausgebern eine angenehme Pflicht, Frau Irmgard Fichtner für die Erstellung des Literaturverzeichnisses und das Lesen der Korrektur zu danken.

Köln und Berlin, im April 1988

Gernot Gutmann   Siegfried Mampel

Günter Lauterbach

DIE FORSCHUNGS- UND TECHNOLOGIEPOLITIK DER DDR

Ziele, Förderungsmaßnahmen, Schwerpunkte, Ressourcen

I. Definitorische Abgrenzung

Wissenschaft und Forschung spielen in den mittel- und langfristigen Überlegungen der Wirtschaftspolitiker der DDR eine zentrale Rolle. Mit ihrer Hilfe soll der technische Fortschritt beschleunigt, die Arbeitsproduktivität erhöht und das Wirtschaftswachstum abgesichert werden. Verstärkt gefördert wird von seiten des Staates seit einigen Jahren die technologische Forschung. Das neue Zauberwort in der wirtschaftspolitischen Diskussion heißt Schlüsseltechnologie. Entwicklung und Anwendung dieser Technologien in der Volkswirtschaft gehören zu den großen politischen Herausforderungen in den nächsten Jahren. Wenn die DDR im Technologiewettlauf der Industriestaaten nicht noch weiter zurückfallen will, muß sie im Bereich der Schlüsseltechnologien die Forschungsanstrengungen beträchtlich erhöhen.

Unter Schlüsseltechnologien versteht man in der DDR Entwicklungen, „die die Wirtschaft und die Gesellschaft als Ganzes nachhaltig beeinflussen, den volkswirtschaftlichen Strukturwandel fördern und die Arbeitsproduktivität erheblich steigern. Der Querschnittscharakter und die Ausstrahlung auf die gesamte Wirtschaft sind ein wesentliches Merkmal der Schlüsseltechnologien"[1].

Die bislang nicht gekannte Verbindung von „Breitenwirkungen" und „Tiefenwirkungen" ist nach H. Nick „das wichtigste allgemeine Merkmal der Schlüsseltechnologien"[2]. Für Nick ist der Begriff Schlüsseltechnologie der treffendste bildhafte Ausdruck für die Bezeichnung der Eigenheiten revolutionärer wissenschaftlich-technischer Neuerungen. Diese Eigenheiten bestehen darin, daß sich mit Schlüsseltechnologien Effektivitätsquellen erschließen lassen, die gleichzeitig arbeits-, energie-, material- und „fondssparend" sind.

---

[1] Helmut Koziolek: Die ökonomische Strategie des XI. Parteitags der SED und die neue Stufe der Verbindung von Wissenschaft und Produktion, in: Wirtschaftswissenschaft, Heft 10, 1986, S. 1447–1458, hier: S. 1449.

[2] Harry Nick: Wissenschaftlich-technische Revolution – Veränderung des Typs der Technik und der gesellschaftlichen Organisation von Produktion und Arbeit, in: Wirtschaftswissenschaft, Heft 9, 1986, S. 1303–1320, hier: S. 1304.

Diese doch sehr vage Charakterisierung und unscharfe Fassung steht in einem bemerkenswerten Gegensatz zu der hohen wirtschaftspolitischen Bedeutung, die der Begriff Schlüsseltechnologie in der Wirtschaftspolitik der DDR erlangt hat. Gewisse Ähnlichkeiten mit der Situation in der Bundesrepublik sind dabei nicht zu übersehen. Zwar hat man in der westlichen Literatur mehrere Versuche unternommen, eine genauere definitorische Bestimmung der Hoch- bzw. Schlüsseltechnologien[3] vorzunehmen. Doch weisen die drei Ansätze allesamt beträchtliche Mängel auf.

Zum ersten wird Hochtechnologie in der westlichen Literatur ad hoc definiert. Ohne nähere Begründung werden z.B. Datenverarbeitungsanlagen, medizinische Geräte oder die Nachrichtentechnik als Spitzen- oder Hochtechnologie bezeichnet. Zum zweiten wird Hochtechnologie von den Outputs her bestimmt. Als Hochtechnologiegüter gelten solche Produkte, bei denen der Importanteil in die OECD-Länder aus den Schwellen- und Entwicklungsländern unter einem bestimmten Prozentsatz liegt. Das Ifo-Institut in München schlägt als Grenzwert 0,5 Prozent der Einfuhren vor. Zum dritten wird Hochtechnologie von den Inputs her definiert. Nach diesem Ansatz sind high-tech-Bereiche forschungsintensiv; dort werden im volkswirtschaftlichen Maßstab überdurchschnittliche Forschungs- und Entwicklungsaufwendungen getätigt[4].

In der entsprechenden Literatur der DDR ist festzustellen, daß man dort im wesentlichen dem ersten Abgrenzungsversuch — also der aufzählenden, enumerativen Definition — folgt. Zu den Hoch- oder Schlüsseltechnologien werden z.B. im Gesetz zum Fünfjahrplan 1986–1990 gerechnet: die Mikroelektronik, die moderne Rechentechnik, die rechnergestützte Konstruktion, Projektierung und Steuerung der Produktion (CAD/CAM), flexibel automatisierte Fertigungssysteme, neue Bearbeitungsverfahren und Werkstoffe, die Biotechnologie, die Kernenergie und die Lasertechnik[5]. Die Aufzählung hat ersichtliche Schwächen, weil technisch sehr fortgeschrittene und forschungsintensive Bereiche wie z.B. die Medizintechnik oder die Luft- und Raumfahrttechnik nicht erfaßt werden. In der DDR selbst gilt diese Aufzählung wohl auch deshalb nicht als erschöpfend. So wird gelegentlich auch die Robotertechnik zu den Schlüsseltechnologien gezählt.

Abgrenzungsversuche von der Input-Seite her — also von den Forschungs- und Entwicklungsaufwendungen — scheitern für die DDR daran, daß die „Wissenschaftsstatistik" dort erhebliche Lücken aufweist. So bleibt dem westlichen

---

[3] Die Begriffe werden häufig synonym verwendet. Oft spricht man auch von Spitzentechnik bzw. -technologie.

[4] Vgl. Klaus Brockhoff: Spitzentechnik, in: Wirtschaftswissenschaftliches Studium, Heft 9, 1986, S. 431–435, hier: S. 433 ff.

[5] Vgl. Gesetz über den Fünfjahrplan für die Entwicklung der Volkswirtschaft der DDR 1986 bis 1990, in: Gesetzblatt der DDR, Teil I, Nr. 36/1986, S. 449–465, hier: S. 451.

Beobachter der Weg versperrt, über die F+E-Aufwendungen high-tech-Bereiche zu identifizieren und zu prüfen, ob die ad hoc definierten Hoch- und Schlüsseltechnologien tatsächlich stärker gefördert werden als traditionelle Bereiche und Forschungszweige.

Dem westlichen Beispiel folgend soll zur Forschungs- und Technologiepolitik der DDR nicht nur die Förderung von Forschung und Entwicklung gerechnet werden, sondern es sollen dazu auch jene staatlichen Maßnahmen zählen, die den Technologietransfer, also die Umsetzung wissenschaftlich-technischer Forschungsergebnisse in neue Erzeugnisse und Verfahren, betreffen. Dieser Aufgabenbereich staatlicher Forschungs- und Technologiepolitik hat in den letzten Jahren in der DDR große Aufmerksamkeit erfahren. Von seiten des Staates sind für die beschleunigte Verwertung wissenschaftlicher und technischer Ergebnisse nicht nur vermehrt Forschungsmittel zur Verfügung gestellt worden, man hat auch wiederholt die wirtschaftspolitischen Rahmenbedingungen verändert, um die Aufnahmebereitschaft der Kombinate und Betriebe für technische Neuerungen zu erhöhen. Die partiellen Erfolge dieser Maßnahmen können jedoch nicht darüber hinwegtäuschen, daß die DDR-Wirtschaft systembedingte Innovationsschwächen aufweist, die nicht zu beseitigen sind.

II. Ziele und Förderungsschwerpunkte der Forschungs- und Technologiepolitik

Im Unterschied zur Bundesrepublik Deutschland können die Hauptziele der Forschungs- und Technologiepolitik der DDR sowie die staatlichen Förderungsprogramme, deren Zielsetzungen und Finanzbedarf nicht aus periodisch veröffentlichten Regierungsberichten entnommen werden. Vielmehr müssen diese Informationen aus einer Vielzahl von Veröffentlichungen zusammengetragen werden.

Nach den verfügbaren Quellen verfolgt die DDR mit ihrer Forschungs- und Technologiepolitik zwei Hauptziele: den zusätzlichen Erkenntnisgewinn in den Wissenschaften — das traditionelle Ziel aller Wissenschaft — und die Steigerung der Leistungsfähigkeit der Wirtschaft[6]. Alle anderen in der Literatur erwähnten Ziele sind daraus abgeleitet. So gelten insbesondere Umweltschutz und Verbesserung der Arbeits- und Lebensbedingungen des Menschen nicht als originäre Ziele, auf die hin Forschungs- und Technologiepolitik ausgerichtet ist.

---

[6] Davon abweichend Hannsjörg F. Buck: Forschungs- und Technologiepolitik in der DDR — Ziele, Lenkungsinstrumente, Mobilisierungsmittel und Ergebnisse, in: G. Gutmann (Hrsg.), Das Wirtschaftssystem der DDR, Stuttgart/New York 1983, S. 229–309, hier: S. 232; Eckart Förtsch: Institutionen und Prozesse der forschungspolitischen Lenkung und Planung, in: Institut für Gesellschaft und Wissenschaft (Hrsg.), Das Wissenschaftssystem in der DDR, 2. Aufl., Frankfurt/New York 1979, S. 67–125, hier S. 75.

Die beiden Hauptziele staatlicher Forschungs- und Technologiepolitik stehen nicht gleichrangig nebeneinander, vielmehr dominiert das wirtschaftliche Leistungsziel. Das gilt zwar in erster Linie für die inhaltliche Bestimmung der Forschung, betrifft aber auch die staatliche Forschungsförderung.

Der Präsident der Akademie der Wissenschaften, Werner Scheler, äußerte sich dazu wie folgt: „Die Schwerpunkte der ökonomischen Strategie bilden ... die erste entscheidende Determinante der Wissenschaftsstrategie."[7] Als zweite grundlegende Bestimmungsgröße führt er „die Entwicklung in den Wissenschaftsdisziplinen selbst" an, d.h. deren methodische und erkenntnistheoretische Fortschritte. Die Auswahl der forschungs- und technologiepolitischen Ziele habe „unter Zugrundelegung der zu erwartenden ökonomischen Wirkung" zu erfolgen. „Dabei muß in der Wissenschaft dem Blick für die Erfordernisse der Zukunft der gleiche Rang eingeräumt werden wie dem Blick für die Bedürfnisse der Gegenwart."[8]

Ohne Frage ist in der DDR das entscheidende Kriterium für die Forschung der „Nutzen für die Praxis"[9]. Als problematisch erweist sich dabei die Nutzenermittlung. Sie dürfte für viele gesellschaftliche Anwenderbereiche kaum über grobe Abschätzungen hinausreichen. Auch hinsichtlich der Forschungsarten (Grundlagenforschung, anwendungsbezogene Forschung u.a.) ist eine Ermittlung der zu erwartenden Auswirkungen äußerst kompliziert. Ganz allgemein gilt in der DDR, daß ein Nutzen wissenschaftlicher Forschung dann vorliegt, wenn die neuen Erkenntnisse zur Lösung neuartiger Probleme beitragen[10].

Die wirtschaftliche Leistungsfähigkeit als das primäre Ziel staatlicher Forschungs- und Technologiepolitik der DDR soll durch eine größere „ökonomische Wirksamkeit" von Wissenschaft und Technik erreicht werden. Das bedeutet, daß wissenschaftliche Forschungs- und Entwicklungsergebnisse stärker als bisher die Planerfüllung der Kombinate und Betriebe beeinflussen und den volkswirtschaftlichen Strukturwandel in Richtung auf moderne Industrien unterstützen sollen. Das heißt aber auch, daß sich die Forschungs- und Entwicklungsaufwendungen schneller amortisieren müssen. Letztlich bedeutet es, „Spitzenleistungen in Spitzenzeiten" zu erzielen.

Bemerkenswert ist, daß in der Diskussion über die geforderten Spitzenleistungen die Rolle der Forscherpersönlichkeit starke Aufmerksamkeit gefunden hat. Es hat sich in der DDR die Erkenntnis durchgesetzt, daß ohne Spitzenkräfte in der Wissenschaft keine Spitzenleistungen in der Forschung zu erzielen

---

[7] Werner Scheler: Wirtschafts- und Wissenschaftsstrategie, in: Einheit, Heft 12, 1983, S. 1103–1108, hier: S. 1105.
[8] Ebenda, S. 1106.
[9] Kurt Hager: Der XI. Parteitag der SED und die Aufgaben der Universitäten und Hochschulen der DDR, in: Das Hochschulwesen, Heft 9, 1986, S. 219–231, hier: S. 226.
[10] Vgl. ebenda.

sind. Deshalb ist man heute auch bereit, Spitzenforschern, die internationales Ansehen genießen, und begabten Nachwuchswissenschaftlern größere Privilegien zu gewähren bzw. sie stärker zu fördern. Der stellvertretende Abteilungsleiter des ZK der SED, Prof. G. Schirmer, vertritt z.B. die Meinung: „Wenn wir Wissenschaftler haben wollen, die die Weltspitze mitbestimmen – und das wollen wir ganz entschieden – dann müssen wir für sie die erforderlichen Voraussetzungen bereiten."[11] Schirmer spricht sich dafür aus, leistungsfähige Wissenschaftler systematisch zu erfassen und zu unterstützen. Die ideologische Forderung nach allseitiger Persönlichkeitsentwicklung dürfe nicht so weit gehen, daß Hochbegabte daran gehindert würden, außergewöhnliche Forschungsleistungen zu erbringen. „Hier ist kluges Abwägen nötig, um herauszufinden, was den Interessen der Gesellschaft und des Wissenschaftlers am besten entspricht."[12]

Hinsichtlich der Spitzenleistungen gilt das Weltniveau offiziell als verbindlicher Wertmaßstab. Über Weltstandsvergleiche soll der Anschluß an die internationale Entwicklung in den Wissenschaften hergestellt werden. Beklagt wird indes, daß sich Wissenschaftler vor Weltstandsvergleichen drücken, sich um sie – wie es heißt – „herummogeln". Dieses Verhalten ist nicht nur mit fehlender Risikobereitschaft zu erklären, sondern es ist auch objektiv bedingt und hängt z.B. mit der unzureichenden Forschungstechnik, fehlenden Materialien und der Art der Ergebnisabrechnung in der Forschung zusammen. Da auch dort das Prinzip der Planerfüllung gilt, werden von den Wissenschaftlern häufig risikoarme Forschungsaufgaben bevorzugt. Die Erfüllung der Forschungspläne ist deshalb nicht in jedem Fall ein Zeichen hoher „Plandisziplin", sondern oft Ausdruck fehlender Risikobereitschaft, ohne die aber wiederum der Anschluß an das „Weltniveau" nicht zu vollziehen ist. Trotz der geforderten Weltstandsvergleiche für jede Forschungs- und Entwicklungsaufgabe ist zu konstatieren, daß in der naturwissenschaftlich-technischen Forschung der DDR Aufgabenstellungen dominieren, die bereits existierende Entwicklungen nachvollziehen. Massive Kritik haben in diesem Zusammenhang wiederholt die Universitäten und Hochschulen erfahren.

Da die DDR mit ihrem verfügbaren Wissenschaftspotential nicht in der Lage ist, alle Entwicklungsrichtungen zu verfolgen, müssen Prioritäten für die Forschungs- und Technologiepolitik gesetzt werden. Grundsätzlich möchte man auf entscheidenden Feldern der Wirtschaft das fortgeschrittenste Niveau erreichen, und dies innerhalb weniger Jahre[13].

Der Auswahl dieser Felder kommt angesichts des schnellen technologischen Wandels, der tendenziellen Verkürzung der Produktlebenszyklen, der steigen-

---
[11] Gregor Schirmer: Spitzenleistungen erfordern Spitzenkräfte, in: Einheit, Heft 10, 1986, S. 917–921, hier: S. 919.
[12] Ebenda, S. 920.
[13] Vgl. Koziolek, S. 1450.

den F+E-Aufwendungen und aus Gesichtspunkten der „Systemkonkurrenz" eine zentrale Bedeutung zu. Wie das Beispiel Mikroelektronik für die DDR zeigt, kann das relativ späte Eintreten in ein neues Technologiefeld zu erheblichen ökonomischen Verlusten nicht nur auf diesem Gebiet, sondern auch in vielen Anwenderbereichen dieser Schlüsseltechnologie — wie dem Werkzeugmaschinenbau, der Medizintechnik, dem wissenschaftlichen Gerätebau, der Meß- und Regelungstechnik u.a. — führen.

Als in der DDR die politische Entscheidung für die Mikroelektronik und den forcierten Ausbau der mikroelektronischen Industrie 1977 (6. ZK-Plenum) gefallen war, hatten westliche Industriestaaten bereits einen Entwicklungs- und Produktionsvorsprung von mehreren Jahren. Dieser Vorsprung hat sich seither nicht verringert, sondern ist eher noch größer geworden. „Vorsichtig geschätzt, beträgt gegenwärtig der Rückstand der DDR auf dem Sektor der Mikrocomputer gegenüber den Erzeugnisstandards führender westlicher Länder etwa fünf Jahre und mehr ... Aber als Faustregel kann gelten, daß die DDR technologisch gesehen mehr als eine Computergeneration zurückhinkt."[14] Anders als Firmen in der Bundesrepublik haben DDR-Kombinate nur sehr begrenzte Möglichkeiten, Lücken im Hochtechnologiebereich über den Erwerb von Lizenzen oder durch Kooperation mit westlichen Unternehmen zu schließen. Da auch die wissenschaftlich-technische Zusammenarbeit mit RGW-Partnern, einschließlich der UdSSR, kurzfristig keine schnellen Erfolge verspricht, bleibt der DDR nur die Möglichkeit, eigene Grundlagenforschungen in diesem Bereich zu betreiben und auf diese Weise zu versuchen, den Abstand zum Weltniveau zu verringern, auch wenn diese Strategie unter Kosten-Nutzen-Erwägungen äußerst unwirtschaftlich ist. Nachdem sich die DDR-Führung aber für die Strategie der Nachentwicklung bzw. des Nachvollzugs entschieden hat, müssen im Bereich Mikroelektronik Mittel gebunden werden, die für andere zukunftsträchtige Entwicklungsrichtungen dringend benötigt würden. Damit besteht wiederum die Gefahr, daß auch dort der Anschluß an die internationale Entwicklung verlorengeht. Zum gegenwärtigen Zeitpunkt scheint die Mikroelektronik den Wettkampf um die knappen Ressourcen vor den anderen Hochtechnologien gewonnen zu haben. Darauf deuten u.a. die 1-Megabit- bzw. 4-Megabit-Projekte hin, die zum Teil schon in Angriff genommen worden sind.

Langfristig ist für die DDR von Bedeutung, daß die wissenschaftlich-technische Zusammenarbeit im RGW belebt werden soll. Die DDR ist beispielsweise Mitunterzeichner eines 1982 verabschiedeten Generalabkommens, das u.a. die Entwicklung und Anwendung der Mikroprozessortechnik und von Industriero-

---

[14] Fred Klinger: Die Krise des Fortschritts in der DDR. Innovationsprobleme und Mikroelektronik, in: Aus Politik und Zeitgeschichte, Heft 3, 1987, S. 3–19, hier: S. 9; dazu auch Klaus Krakat: Schlüsseltechnologien in der DDR: Anwendungsschwerpunkte und Durchsetzungsprobleme, in: Forschungsstelle für gesamtdeutsche wirtschaftliche und soziale Fragen (Hrsg.), FS-Analysen, Heft 5, 1986, S. 113–175, hier: S. 128 ff.

botern vorsieht[15]. Auf der 41. Tagung des Rates für Gegenseitige Wirtschaftshilfe (Dezember 1985) wurde von den Mitgliedsstaaten ein Komplexprogramm des wissenschaftlich-technischen Fortschritts verabschiedet, das eine engere Zusammenarbeit in der Elektronik, Automatisierungstechnik, Kernenergie, Werkstoffforschung und Biotechnologie vorsieht, und das eine Vereinheitlichung in der Forschungs- und Technologiepolitik der einzelnen Länder zum Ziel hat. Die weltweiten technologischen Veränderungen und Restriktionen in der westlichen Außenhandelspolitik begründen das neue Interesse der RGW-Staaten an einer engeren Zusammenarbeit in Wissenschaft und Technik. In dem Maße, in dem neue Technologien nicht aus den westlichen Industrieländern übernommen werden können, sollen sie in Zukunft kooperativ entwickelt werden, und das heißt vor allem unter Beteiligung an sowjetischen Projekten[16].

Ob die in den achtziger Jahren eingeleitete Kooperationsoffensive im RGW tatsächlich zum Erfolg führen wird, läßt sich heute noch nicht beurteilen. Doch ist aufgrund der bisherigen Erfahrungen in der wissenschaftlich-technischen Zusammenarbeit im Rat eher Skepsis als Euphorie angebracht. Denn obwohl beispielsweise zwischen der DDR und den Mitgliedsländern des Rates seit langem eine ganze Anzahl von multilateralen und bilateralen Kooperationsabkommen, Verträgen und Vereinbarungen bestehen, waren spektakuläre Erfolge – wie in der Kosmosforschung – bisher selten zu verzeichnen. Die immer wieder aufgetretenen Schwierigkeiten in der wissenschaftlich-technischen Zusammenarbeit[17] haben in der Vergangenheit vielmehr auf seiten der DDR die Tendenz verstärkt, wichtige Forschungs- und Entwicklungsaufgaben allein in Angriff zu nehmen. Es bleibt abzuwarten, ob mit der Einrichtung neuer Organisationsformen der Zusammenarbeit, die im Komplexprogramm 85 vorgesehen sind, die Bereitschaft der DDR zu einer intensiveren Kooperation zunimmt.

Förderungsschwerpunkte in der Technologiepolitik der DDR sind die bereits erwähnten Schlüsseltechnologien. Im Fünfjahrplanzeitraum 1986–1990 sollen dafür ca. 27 Mrd. Mark zu Verfügung gestellt werden. Das entspricht einem Anteil von fast 40% an den geplanten Gesamtaufwendungen für Wissenschaft und Technik[18].

Da der Mikroelektronik unter den Schlüsseltechnologien von politischer Seite eine Sonderrolle zugewiesen wird, wird sie am stärksten gefördert. Wie hoch

---

[15] Vgl. Otto Reinhold (a): Die Gestaltung unserer Gesellschaft, Berlin (Ost) 1986, S. 112.
[16] Vgl. Jürgen Nötzold: Sowjetische Wirtschaftspolitik unter Gorbatschow, in: Die Neue Gesellschaft, Heft 12, 1985, S. 1119–1123, hier: S. 1121.
[17] Vgl. Rudolf Pätzold: Ökonomischer Nutzen von Lizenzen, Berlin (Ost) 1976, S. 35.
[18] Vgl. Erich Honecker: Die Aufgaben der Parteiorganisationen bei der weiteren Verwirklichung der Beschlüsse des XI. Parteitages der SED, in: Neues Deutschland 7./8.2. 1987, S. 5.

die Zuwendungen im einzelnen sind, läßt sich aus den verfügbaren Quellen nicht entnehmen. Ebenso ist nicht bekannt, wieviel Mittel für die anderen „high-tech-Programme" vorgesehen sind. Die Wirtschaftsführung der DDR hat bisher noch niemals bekanntgegeben, wie sich die staatlichen F+E-Mittel auf die einzelnen Programme verteilen; auch über die Laufzeit der Programme liegen keine Informationen vor.

Neben den Schlüsseltechnologien ist der „wissenschaftliche Gerätebau" ein weiterer Schwerpunkt staatlicher Förderungspolitik. Bei der Entwicklung und Herstellung von Geräten, technologischen Spezialausrüstungen und anderen technischen Instrumenten für die Forschung sind in den letzten Jahren sowohl im Hochschulbereich als auch in der Akademie der Wissenschaften Fortschritte erzielt worden, so daß bei einer ganzen Reihe wissenschaftlicher Geräte ein — wie es heißt — auch im internationalen Maßstab sehr akzeptabler Stand erreicht werden konnte[19]. Das trifft vor allem zu für optische Geräte sowie für Apparate der Präzisionsmechanik und Mikrorechentechnik. Man hat in der DDR erkannt, daß dem „wissenschaftlichen Gerätebau" heute eine entscheidende Katalysatorfunktion bei der Beschleunigung des wissenschaftlich-technischen Fortschritts zufällt. Deshalb will man auch die Anstrengungen zur Schaffung eigener Forschungstechnik weiter vergrößern[20].

Trotz der erzielten Fortschritte stellt der „wissenschaftliche Gerätebau" aber noch immer einen Engpaß dar, der die Forschungsarbeiten behindert. Eine Ausweitung der Produktion leistungsfähiger Geräte soll durch eine engere Kooperation der Kombinate mit den Hochschulen und der Akademie der Wissenschaften erreicht werden. Der Einfuhr von Forschungstechnik aus dem westlichen Ausland steht man kritisch gegenüber. „Sich nur auf den Kauf von Geräten auf dem Weltmarkt einzustellen hieße, den Nachlauf vorzuprogrammieren."[21]

F+E-Projekte zu den Schlüsseltechnologien werden als Staatsaufträge vergeben, an deren Lösung oftmals mehrere Kombinate, Forschungseinrichtungen der Ministerien sowie die Akademie der Wissenschaften und die Hochschulen beteiligt sind. Die Auswahl der Projekte nimmt das Ministerium für Wissenschaft und Technik vor, wobei Wissenschaftler und Gremien des Forschungsrates der DDR beratend hinzugezogen werden. Jeder einzelne Staatsauftrag muß dem Ministerrat der DDR zur Bestätigung vorgelegt werden. Staatsaufträge genießen Priorität und werden vor allen anderen F+E-Aufgaben bearbeitet[22].

---

[19] Vgl. Norbert Langhoff: Katalysator für Wissenschaft und Technik, in: spectrum, Heft 10, 1986, S. 6.
[20] Vgl. Norbert Langhoff/Harry Maier/Klaus Meier: Forschungstechnik im Kampf um Spitzenpositionen, in: Einheit, Heft 1, 1986, S. 28–34, hier: S. 30.
[21] Ebenda.
[22] Vgl. Günter Lauterbach: Technischer Fortschritt und Innovation, Erlangen 1982, S. 44 ff.

Insgesamt sind zu den Schlüsseltechnologien etwa 40 Staatsaufträge erteilt worden[23]. Ein Staatsauftrag betrifft beispielsweise die Entwicklung sensorgeführter Industrieroboter[24].

Bekannt ist, daß Planung und Durchführung von Staatsaufträgen rechtlich neu geregelt werden sollen. Die bisherigen gesetzlichen Bestimmungen vom Februar 1982 wurden zum 1. August 1986 aufgehoben[25], ohne daß bislang neue Rechtsvorschriften erlassen wurden — ein angesichts der großen Bedeutung der Staatsaufträge problematischer Vorgang.

III. Ressourcen

Zur Erreichung der forschungs- und technologiepolitischen Ziele stehen der DDR folgende Ressourcen zur Verfügung: Die Zahl der *Beschäftigten* in Forschung und Entwicklung lag 1985 bei ca. 191 000[26]; etwa 122 000 davon besaßen eine Hoch- oder Fachschulausbildung. Das Forschungs- und Entwicklungspotential auf dem Gebiet der naturwissenschaftlich-technischen Forschung (G- und A-Stufen) umfaßte 46 000 Kader, das waren rund 25% des gesamten F+E-Potentials[27].

Gegenüber 1970 hat die Zahl der F+E-Beschäftigten etwa um 70 000 zugenommen. In den kommenden Jahren ist damit zu rechnen, daß die Zahl der Neueinstellungen zurückgeht. Offiziell heißt es dazu, daß auch im Bereich der Forschung und Entwicklung die notwendige Leistungssteigerung durch effektivere Nutzung des vorhandenen Potentials zu erfolgen habe und nicht mehr wie bisher in erster Linie auf einem extensiven Wachstum der Beschäftigtenzahl beruhen könne[28].

Verglichen mit der Bundesrepublik Deutschland sind die statistischen Angaben der DDR zum Personalbestand in Forschung und Entwicklung überhöht ausgewiesen. Das ergibt sich aus der Plansystematik der DDR. Nach dieser Systematik werden zum Komplex Wissenschaft und Technik Tätigkeiten gerech-

---

[23] Vgl. Honecker, S. 5.
[24] Vgl. Erhard Vogt: Automatisierung ganzer technologischer Prozesse im Blickpunkt der Forschung, in: Presse-Informationen, Nr. 123, 1986, S. 2.
[25] Vgl. Bekanntmachung über die Aufhebung einer Rechtsvorschrift auf dem Gebiet von Wissenschaft und Technik, in: Gesetzblatt der DDR, Teil I, Nr. 24/1986, S. 349.
[26] Vgl. Siegfried Schiller: Über Leiten und Motivieren, in: Einheit, Heft 9, 1986, S. 846–849, hier: S. 847.
[27] Vgl. Herbert Weiz: Die Rolle der Naturwissenschaften für die Technik, in: Wissenschaftliche Zeitschrift der Technischen Hochschule Karl-Marx-Stadt, Heft 1, 1986, S. 9–23, hier: S. 12.
[28] Vgl. Otto Reinhold (b): Produktivkräfte und Produktionsverhältnisse bei der Gestaltung des entwickelten Sozialismus in unserer Republik, in: Einheit, Heft 10, 1986, S. 884–889, hier: S. 888.

net, die nach dem Frascati-Handbuch, nach welchem in der Bundesrepublik wissenschaftsstatistisch gearbeitet wird, nicht zur Forschung und Entwicklung zählen. Es ist aber nicht möglich, den überhöhten DDR-Anteil genau zu quantifizieren. Die Abweichung dürfte etwa 10% betragen.

Institutionell verteilen sich die rund 191 000 F+E-Beschäftigten der DDR in etwa wie folgt: rund 75% arbeiten in den Laboratorien und Forschungsstellen der Wirtschaft, wobei allein auf die Industrie ca. 65% entfallen, etwa 10% sind in der Akademie der Wissenschaften tätig und rund 6% werden im Hochschulbereich beschäftigt. Bei den Hochschulen wurde unterstellt, daß der Zeitanteil der Hochschullehrer für Forschung bei 30% liegt. Der Rest der F+E-Beschäftigten arbeitet in sonstigen Einrichtungen wie der Akademie für Landwirtschaftswissenschaften (5%), der Bauakademie (2%), dem Forschungsinstitut Manfred-von-Ardenne, Industriezweig-Instituten und weiteren Institutionen.

Vor allem die in der Industrie betriebene Forschung und Entwicklung hat seit Ende der 70er/Anfang der 80er Jahre an Gewicht gewonnen. Im Zuge der Kombinatsbildung wurden damals eine ganze Anzahl ehemals selbständiger Einrichtungen in die Kombinate eingegliedert. In Zukunft ist vorgesehen, die Kombinate zu „technologischen Zentren" bzw. zu „Zentren der Hochtechnologie" (Zeiss Jena, Kombinat Mikroelektronik) auszubauen. Heute gibt es Kombinate, die mehrere tausend Arbeitskräfte in der Forschung und Entwicklung beschäftigen — so arbeiten z.B. im Werkzeugmaschinenbaukombinat „Fritz Heckert" 3 000 Beschäftigte in der Forschung und Entwicklung, im Kombinat Robotron sind es annähernd 10 000 und im Kombinat Carl Zeiss 5 000[29]. Stärker als bisher sollen von den Kombinaten in Zukunft zweigspezifische, auf das Produktionsprogramm bezogene Grundlagenforschungen durchgeführt werden.

Hinsichtlich der *Aufwendungen* ist festzuhalten, daß Staat und Wirtschaft im Zeitraum 1981/85 rund 42 Mrd. Mark für Forschung und Entwicklung zur Verfügung gestellt haben. Während aus dem Staatshaushalt knapp 14 Mrd. Mark für Wissenschaft, Technik und Forschungseinrichtungen ausgegeben wurden, investierte die Wirtschaft der DDR im Fünfjahrplanzeitraum 1981–1985 für über 28 Mrd. Mark in Forschung und Entwicklung. Andere Finanzierungsquellen wie wissenschaftsfördernde Organisationen oder Stiftungen gibt es bekanntlich in der DDR nicht; die in Jena ansässige Carl-Zeiss-Stiftung erfüllt ausschließlich wirtschaftliche und schutzrechtliche Aufgaben des Kombinates.

Pro Jahr gibt die DDR rund 4% ihres erwirtschafteten Nationaleinkommens für Wissenschaft und Technik aus. Bezogen auf das Sozialprodukt in westlicher Abgrenzung lag der Anteil in der ersten Hälfte der 80er Jahre (1983) bei 3%. Damit nimmt die DDR auch im internationalen Vergleich einen Spitzenplatz ein. Die fehlende Konkurrenzfähigkeit vieler Industrieerzeugnisse aus der DDR-

---

[29] Vgl. Wolfgang Biermann: Das Wissenschaftspotential des Kombinats, in: Einheit, Heft 1, 1986, S. 21–27, hier: S. 21 sowie Reinhold (a), S. 69.

Produktion kann mit unzureichender Forschungsförderung deshalb nicht hinlänglich erklärt werden.

Für den Fünfjahrplanzeitraum 1986–1990 ist eine durchschnittliche jährliche Steigerung der finanziellen Mittel für Wissenschaft und Technik von 9,2% vorgesehen. Ein großer Teil der Aufwendungen soll dem Ausbau und der dringend notwendigen Modernisierung bestehender Einrichtungen dienen.

Die aus dem Staatshaushalt vorgenommene Forschungsfinanzierung ist eine Mischung aus Projekt- und Institutionenförderung. Empfängergruppe der institutionellen Forschungs- und Technologieförderung sind staatliche Forschungseinrichtungen mit Querschnittscharakter (wie z.B. das Zentralinstitut für Schweißtechnik), verschiedene Akademien und die Hochschulen. Diese Einrichtungen sollen dadurch in die Lage versetzt werden, einen kontinuierlichen Forschungsprozeß zu gewährleisten. Im Rahmen der Staatsauftragsforschung werden diese Institutionen häufig auch noch projektbezogen gefördert.

Daneben gehören zur Empfängergruppe der direkten projektorientierten Förderung auch die Industriekombinate. Im Jahre 1985 erhielten sie aus dem Staatshaushalt knapp 1,5 Mrd. Mark für F+E-Aufgaben, im Zeitraum 1981 bis 1985 belief sich der Betrag auf über 6,2 Mrd. Mark. Ordnungspolitisch entspricht die direkte Forschungs- und Technologieförderung des Staates den Steuerungsgrundsätzen einer sozialistischen Planwirtschaft.

IV. Förderungsmaßnahmen zum Technologietransfer

Eine besonders eklatante Schwachstelle ist in der DDR die Umsetzung wissenschaftlich-technischer Forschungs- und Entwicklungsergebnisse in neue Erzeugnisse und Verfahren. Der Übergang von der Inventions- in die Innovationsphase vollzieht sich in der zentral geplanten Volkswirtschaft der DDR äußerst zähflüssig, so daß es immer wieder zu beachtlichen Verzögerungen kommt. Die staatlichen Förderungsmaßnahmen zum Abbau der Barrieren und zur Beschleunigung des Überleitungsprozesses setzen an zwei Stellen an: der Organisationsstruktur und dem wirtschaftlichen Steuerungsinstrumentarium.

Zu den organisatorisch-strukturellen Maßnahmen gehört die Einrichtung von Transferstellen wie Technika, Konsultations- und Informationsstellen in Universitäten, Hochschulen und Akademien. Ferner zählt dazu die Gründung von Hochschul- bzw. Akademie-Industrie-Komplexen. Zu den neueren steuerungspolitischen Maßnahmen zählt vor allem die Ausweitung der kombinatsexternen Vertragsforschung mit der Akademie der Wissenschaften und den Hochschulen.

Die zweifellos interessanteste organisatorisch-strukturelle Innovation sind die Technika. Hierbei handelt es sich um naturwissenschaftlich-technische Forschungs- und Entwicklungseinrichtungen bzw. um Laboratorien. Mit ihrer Hilfe soll die „Durchgängigkeit von der Grundlagenforschung über die Entwicklung,

Konstruktion und Technologie bis zur Produktion grundlegend verbessert" werden[30]. Niveau und Anwendungsreife der Forschungsergebnisse sollen in den Technika angehoben, Erfindungen bis zur kleintechnischen Erprobung weitergeführt werden; darüber hinaus stellt man dort Funktions- und Fertigungsmuster her. In diesen Einrichtungen soll letztlich der Nachweis der technischen Realisierbarkeit erbracht werden. Neben Entwicklungsaufgaben haben Technika auch noch bis zu einem gewissen Grade Weiterbildungsaufgaben zu erfüllen. Sie sind auch „Kleinproduzenten" von Forschungstechnik.

Mit dem Aufbau und der Einrichtung von Technika an Universitäten und Hochschulen wurde in der DDR bereits Ende der 70er Jahre begonnen. Einen Überblick über die heute bestehenden bzw. geplanten Technika gibt die nachfolgende Zusammenstellung.

Bestehende bzw. im Aufbau befindliche Technika an Universitäten und Hochschulen der DDR (Stand: 1987)

Technikum für Vorfertigung der Bauindustrie, Ingenieurhochschule Cottbus
Technikum Medizintechnik, Ingenieurhochschule und Medizinische Akademie Dresden
Technikum für Montagetechnologie der Mikroelektronik, TU Dresden
Technikum für Prozeß- und Simulationstechnik, Hochschule für Verkehrswesen Dresden
Technikum für Hochgeschwindigkeitswalzen, Bergakademie Freiberg
Biotechnikum, Universität Halle
Technikum Feinmechanik – Optik – Elektronik, TH Ilmenau
Technikum für Schichttechnologie und Sonderbauelemente, Universität Jena
Technikum für Technische Chemie und Feinchemikalien, Universität Jena
Technikum für Automatisierte bedienarme Produktion, TU Karl-Marx-Stadt
Technikum für Mikroelektronik, TU Karl-Marx-Stadt
Technikum für Getränke- und Gärungstechnologie, Ingenieurhochschule Köthen
Technikum Analytikum, Karl-Marx Universität Leipzig
Zelltechnikum, Karl-Marx Universität Leipzig
Armaturentechnikum, TU Magdeburg

In der Regel finanziert die Industrie einen beträchtlichen Teil der Grundausstattung der Technika. Sie entsendet Wissenschaftler in diese Einrichtungen, die sich dort über neue Forschungen informieren und gemeinsam mit den Hoch-

---

[30] Joachim Kramer/Josef Schwarz: Erfahrungen und Probleme beim Aufbau und bei der Nutzung von Technika im Hochschulwesen, in: Das Hochschulwesen, Heft 5, 1982, S. 119–121, hier: S. 119.

schullehrern an Projekten für das Kombinat arbeiten können. Die Parteiführung beurteilt die Technika positiv. Auf dem XI. Parteitag hat man deshalb beschlossen, weitere Einrichtungen dieser Art zu installieren und die bestehenden auszubauen.

Daß die Arbeit der Technika von der Industrie positiv beurteilt wird, überrascht insofern nicht, als den Kombinaten mit diesen Einrichtungen eine Möglichkeit geboten wird, das technische Risiko bei neuen Entwicklungen zu reduzieren. Unabhängig davon bleibt das ökonomische Risiko der Innovation für die Kombinate aber nach wie vor bestehen.

Wie sehr man in der DDR bemüht ist, durch organisatorische Maßnahmen den Technologietransfer zu beschleunigen, läßt sich auch daraus ersehen, daß in den Universitäten, Hoch- und Fachschulen bisher über 230 Konsultations- und Beratungsstellen eingerichtet wurden, in denen sich Kombinate und Betriebe über neuere Entwicklungen in Wissenschaft, Forschung und Innovation informieren können. Zu den organisatorisch-strukturellen Neuerungen gehört schließlich auch die Bildung von Hochschul(Akademie)-Industrie-Komplexen. Auf der Grundlage langfristiger Kooperationsverträge organisieren die Vertragspartner in diesen „Komplexen" die Forschungs- und Entwicklungsarbeiten mit dem Ziel, schneller neue Forschungsergebnisse zu verwerten.

Die am lenkungs- bzw. steuerungspolitischen Instrumentarium vorgenommenen Veränderungen sollen — wie es heißt — zu einer neuen Stufe der organischen Verbindung von Wissenschaft und Produktion führen. Beabsichtigt ist, über die Hälfte des in der Akademie und den Hochschulen konzentrierten Wissenschaftspotentials vertraglich an die Industrie zu binden und von dieser projektbezogen finanzieren zu lassen. „Die Akademie- und Hochschulforschung wird so noch entschiedener auf die Erfordernisse der ökonomischen und technisch-technologischen Entwicklung der Kombinate und gemeinsam mit dem bedeutenden Wissenschaftspotential dieser großen Wirtschaftseinheiten *einheitlich* auf die Verwirklichung der ökonomischen Strategie ausgerichtet."[31]

Über 60% des naturwissenschaftlich-technischen Forschungspotentials der Humboldt-Universität Berlin sind seit 1986 vertraglich mit der Industrie verbunden[32]; andere Universitäten und Hochschulen erreichen einen ähnlich hohen Verflechtungsgrad. Es ist offensichtlich, daß mit dieser forschungspolitischen Strategie die Verantwortung der Kombinate für die inhaltliche Planung der Forschung zunimmt. Die bisherigen Aktivitäten haben jedenfalls schon zu einer „stärkeren Ausrichtung der Forschung der Universitäten und Hochschu-

---

[31] Herbert Kusicka: Aufgaben und Erfahrungen bei der Beschleunigung des wissenschaftlich-technischen Fortschritts in der neuen Stufe der Verbindung von Wissenschaft und Produktion, in: Wirtschaftswissenschaft, Heft 10, 1986, S. 1472–1484, hier: S. 1478.

[32] Vgl. Helmut Klein/Harry Smettan: Die Humboldt-Universität als produktiver Partner der Volkswirtschaft, in: Einheit, Heft 1, 1987, S. 39–44, hier: S. 42.

len auf die Erfordernisse der Kombinate geführt"[33]. Für die Hochschulen bedeutet die Ausweitung der industriefinanzierten Forschung, bestimmte Arbeiten einzustellen, weil die erforderlichen Finanzmittel fehlen, sich schnell in neue Gebiete einzuarbeiten und zum Teil auch Potentiale umzuverteilen.

Die gesetzliche Grundlage für die engere Zusammenarbeit von Wissenschafts- und Forschungseinrichtungen mit der Industrie bilden Partei- und Regierungsbeschlüsse aus dem Jahre 1985[34]. Eine von DDR-Wissenschaftlern vorgenommene Auswertung der seither abgeschlossenen Verträge (Koordinierungs- und Leistungsverträge) zwischen Industriekombinaten und Hochschulen ergab, daß zwar Fortschritte in der Forschungskooperation eingetreten sind, gleichzeitig aber eine Reihe von Problemen fortbestehen. So werden z.B. die Hauptrichtungen und Schwerpunkte der Zusammenarbeit nach wie vor zu breit und zu allgemein angelegt, was der geforderten Konzentration der Potentiale auf die Schwerpunktaufgaben widerspricht. Kritisiert wird auch, daß der Ausrichtung der Grundlagenforschung auf die volkswirtschaftlich entscheidenden Entwicklungsrichtungen zu wenig Aufmerksamkeit geschenkt wird. „Die vereinbarten Aufgaben zur Grundlagenforschung schöpfen ... noch nicht in ausreichendem Maße die Möglichkeiten aus, die eine weit in die Zukunft reichende Grundlagenforschung für bedeutsame neue Entwicklungen bietet."[35] Die Kombinate sind offensichtlich zum Abschluß von Verträgen und zur Finanzierung der Forschung nur bereit, wenn der zu erwartende Nutzen für sie selbst in ausreichender Weise nachgewiesen ist. Und dieser Nachweis ist bei Vorhaben der Grundlagenforschung aufgrund der Produktionsferne schwerer zu führen als bei Entwicklungsprojekten.

Um Hochschul- und Industrieforschung noch enger miteinander zu verflechten und auf die Bedürfnisse der Industrie auszurichten, plant man deshalb, Kombinatsbeauftragte im Hochschulwesen einzusetzen[36]. Sie werden darauf zu achten haben, daß in die Wirtschaftsverträge konkrete Zielsetzungen zum Niveau, zur ökonomischen Wirksamkeit sowie zur Überleitung und Anwendung der Forschungsergebnisse aufgenommen werden.

Positiv auf die Kooperation und Ergebnisverwertung wirkt sich aus, wenn Industriebetrieb und Forschungseinrichtung in unmittelbarer Nachbarschaft liegen. Die räumliche Nähe und damit verbundene persönliche Bindungen unter

---

[33] Michael Goerig/Franz Hoche: Unsere neuen Maßstäbe für die Forschungskooperation – eine Herausforderung an die Universitäten und Hochschulen sowie an ihre Partnerkombinate, in: Das Hochschulwesen, Heft 12, 1986, S. 309–312, hier: S. 310.

[34] Vgl. Beschluß über Grundsätze für die Gestaltung ökonomischer Beziehungen der Kombinate der Industrie mit den Einrichtungen der Akademie der Wissenschaften sowie des Hochschulwesens, in: Gesetzblatt der DDR, Teil I, Nr. 2/1986, S. 9–12, hier: S. 9 ff.

[35] Goerig/Hoche, S. 310.

[36] Vgl. ebenda, S. 311.

den Wissenschaftlern begünstigen — wie die Erfahrungen in der DDR zeigen — die ökonomisch-technische Verwertung.

Zu den weiteren wirtschaftspolitischen Steuerungsmaßnahmen, mit denen eine Verkürzung der Überleitungszeiten erreicht werden soll, gehört die Vorgabe einer staatlichen Kennziffer zur Erneuerung der Produktion, die Arbeit mit dem „Erneuerungspaß" und dem „Pflichtenheft"[37] sowie eine zeitliche Begrenzung der F+E-Arbeiten auf 3 bzw. 4 Jahre. Durch eine Preisbildung, die einerseits spürbare Preisabschläge für veraltete Erzeugnisse, andererseits Preiszuschläge für moderne Produkte vorsieht, soll dieser Prozeß unterstützt werden. Alle ergriffenen Maßnahmen haben bislang aber weder eine nachhaltige Verbesserung im Technologietransfer noch in der Erzeugnis- und Verfahrensqualität erbracht.

V. Schlußbetrachtung

Die DDR hat in vielen Technikbereichen Schwierigkeiten, den Anschluß an die internationale Entwicklung zu halten und in der Forschung und Entwicklung nicht noch weiter zurückzufallen.

Mit der Konzeption, die Kombinate zu „technologischen Zentren" auszubauen und die kombinatsexterne Zusammenarbeit mit Hochschulen und Akademieeinrichtungen zu verstärken, gerät die naturwissenschaftlich-technische Forschung in der DDR noch stärker in den Sog wirtschaftlicher Interessen. Da kurzfristig wirtschaftliche Erfolge von der Partei- und Wirtschaftsführung verlangt werden, ist zu befürchten, daß es an den Universitäten und Hochschulen zu einem Rückgang der „zweckfreien Grundlagenforschung" in den Naturwissenschaften kommt. Denkbar ist, daß sich daraus ein starkes politisches und wissenschaftliches Interesse an einer stärkeren wissenschaftlich-technischen Zusammenarbeit mit westlichen Industriestaaten, vor allem mit der Bundesrepublik Deutschland, ergibt. Mit der Unterzeichnung eines entsprechenden Wissenschaftsabkommens zwischen der Bundesrepublik Deutschland und der DDR ist dafür ein politischer Rahmen abgesteckt worden. Es wird interessant sein zu beobachten, wie die DDR-Führung auf die sich damit bietenden Möglichkeiten der Wissenschaftskooperation reagiert.

---

[37] Vgl. Angela Scherzinger: DDR: Instrumentarium für Forschung und Entwicklung ausgebaut, in: DIW-Wochenbericht, Nr. 19, 1987, S. 266–271, hier: S. 266 ff.

Hartmut Schiedermair

HOCHSCHULFORSCHUNG ALS NISCHENFORSCHUNG

I. Universität und Forschung

Die Universität ist auf die Forschung angewiesen. Dieser Satz wird auch heute noch von niemandem bestritten. Er gilt für Wilhelm von Humboldt ebenso wie für die jüngsten Empfehlungen des Wissenschaftsrats. Er gilt sicherlich als Gemeingut all derer, die sich mit der Universität in der Bundesrepublik Deutschland, mit der deutschen Universität befassen. Mit der Einbeziehung der Forschung in die Universität wendet sich Wilhelm von Humboldt gegen jenes Konzept von einem nützlichen Wissen, das die Universitäten dazu verpflichtete und darauf beschränkte, ihre Absolventen zu tüchtigen und brauchbaren Staatsdienern heranzuziehen. Was diese Verpflichtung bedeutete, kann man im Allgemeinen Preußischen Landrecht für das 18. Jahrhundert nachlesen. Daß aber das Allgemeine Preußische Landrecht mit seinem Konzept des nützlichen Wissens auch heute noch einige Aktualität besitzt, möchte ich mit dem Positionspapier belegen, das uns das Wissenschaftsministerium eines deutschen Bundeslandes vor kurzem in die Hände gegeben hat, um uns seine Vorstellungen über die Zukunft der Universitäten darzutun. In dem Positionspapier heißt es, daß es Aufgabe der medizinischen Ausbildung sei, den Personalbedarf der staatlichen und kommunalen Krankenhäuser zu decken. Diese Rückkehr zu den Vorstellungen des 18. Jahrhunderts kann nicht befriedigen. Bei der Forschung geht es um mehr als um die Deckung des Bedarfs staatlicher Einrichtungen. Die Forschung hat einen anderen Zweck oder, wenn Sie so wollen, einen Nutzen im höheren Sinn. Bei ihr geht es um die Suche nach Wahrheit und damit um die Chance, durch die Erweiterung der Erkenntnis zum Glück der Menschen bei der Bewältigung ihres Lebensrisikos beizutragen. Die Suche nach Wahrheit ist deswegen immer nur eine Chance, weil die Wahrheit selbst niemals vollständig aufgefunden wird. Die Suche nach Wahrheit ist daher ein Prozeß, der niemals zum Abschluß kommt. Dieser Tatbestand verbürgt, daß sich die Universität mit ihrer Forschung sowohl ihren Zugang zur Wissenschaft als auch ihren Zugang zu Geist und Kultur bewahrt. Dem trägt auch das Grundgesetz Rechnung, indem es nicht nur die Freiheit von Forschung und Lehre gewährleistet, sondern darüber hinaus den Staat im Rahmen seines Kulturauftrags dazu verpflichtet, die Universitäten als wissenschaftliche Einrichtungen zu schützen und zu fördern.

Nach diesen einleitenden, wenig problematisch erscheinenden Bemerkungen müssen wir uns fragen, ob die Universität in der Praxis überhaupt noch in der Lage ist, ihre Aufgaben in der Forschung angemessen zu erfüllen, und hier beginnen denn auch die Probleme: Sorgen um die Forschung in der Universität und in den wissenschaftlichen Hochschulen macht man sich seit langem. Die Beiträge pessimistischer Art und kritischen Inhalts sind zahlreich. Dabei verdienen zwei Diskussionsbeiträge hervorgehoben zu werden. Ich meine einmal den Bericht über die Forschung an der Universität, den die Deutsche Forschungsgemeinschaft als Denkschrift im Jahre 1983 der Öffentlichkeit vorgelegt hat, und zum zweiten die Tagung des Deutschen Hochschulverbands, die 1983 unter der nachdenklichen und sorgenvollen Frage „Universität ohne Forschung?" stand. Eine ähnliche Sorge mag den Veranstalter dieser Tagung dazu bewogen haben, uns das Thema „Hochschulforschung als Nischenforschung" zu stellen. Dieses Thema verrät doch einige Skepsis. Ist die Forschung in der Universität etwa in eine Nische gedrängt? Müssen wir befürchten, daß die Forschung zur Subkultur gerät, die in der Universität gerade noch geduldet oder sogar schon auf dem Weg ist, die Universität zu verlassen?

II. Von der Reformuniversität zur „Massenuniversität"

Wenn ich von der Universität rede, meine ich jene staatliche Veranstaltung, die man heute mit dem bemerkenswerten Begriff der „Massenuniversität" bezeichnet. Dieser Begriff verdient zwei Anmerkungen, die von mir durchaus im Sinne einer salvatorischen Klausel gemeint sind.

Schon das Gebot der Selbstachtung animiert mich dazu, darauf hinzuweisen, daß der Begriff der „Massenuniversität" nicht im qualitativen Sinn abwertend gemeint oder verstanden werden darf. Auch in der „Massenuniversität" wird in der Forschung Ausgezeichnetes und Hervorragendes von einzelnen geleistet. Über diesen individuellen Aspekt will ich jedoch heute nicht reden. Im Vordergrund unserer Überlegungen steht vielmehr die Frage nach der Institution der Universität, die sich als „Massenuniversität" soweit ins Gerede gebracht hat, daß ihre Forschungsleistung nicht mehr unbestritten ist.

Entgegen anders lautenden Vorstellungen sind nach meiner Einschätzung die Schwierigkeiten der „Massenuniversität" nicht auf das Problem bloßer Zahlen, vor allem nicht auf das Problem der Studentenzahlen, zurückzuführen. Wie uns die jüngste Geschichte lehrt, hat es eine überfüllte Universität schon mehrfach gegeben. Dies gilt etwa für die Jahre 1932 oder 1956. Im Jahre 1956 habe ich als Studienanfänger meine eigenen Erfahrungen mit einem Jahrgang gemacht, der im größten Hörsaal der Universität Frankfurt nicht unterzubringen war und deshalb in den Festsaal des benachbarten Museums ausweichen mußte. Große Zahlen von Studenten und Überfüllung hat es wellenweise immer wieder gegeben, aber niemand ist in der Vergangenheit auf die Idee gekommen, angesichts solcher Zahlen von „Massenuniversität" zu sprechen oder gar die wissenschaftliche Qualität der Universität in Frage zu stellen. Das Problem der „Massenuniversität" ist nicht so vordergründig, daß es mit ein paar Zahlen oder Begriffen wie „Überlast" ausgedrückt werden könnte. Die Probleme der „Massenuniversität" liegen tiefer.

Wenn ich von der „Massenuniversität" rede, gehe ich von dem Gebilde aus, das heute von der mit doch bemerkenswertem politischen Schwung propagierten Reform-Universität übriggeblieben ist. Kennzeichnend für dieses Gebilde ist folgendes: Das Verständnis von Auftrag und Aufgaben der Universität hat sich zu Lasten der Wissenschaft und der Forschung verschoben. Dies will ich im folgenden belegen.

III. Die Universität als Ausbildungsstätte

Im Gegensatz zu den angelsächsischen Ländern ist die Universität nach traditionellem deutschen Verständnis eine Ausbildungsstätte. An dieser Tradition hat – und dies wird oft falsch eingeschätzt – auch Wilhelm von Humboldt nichts geändert oder ändern wollen. Leitbild der Universitätsausbildung ist das Prinzip der Einheit von Forschung und Lehre. Für den Studenten bedeutet dies, daß er auf der Universität eine berufliche Ausbildung erhalten soll. Allerdings soll diese berufliche Ausbildung durch die Wissenschaft oder den Umgang mit der Wissenschaft gewährleistet sein. Ausbildung durch Wissenschaft ist also der Imperativ für das akademische Studium. Für die akademischen Lehrer, also die Professoren, bedeutet die Einheit von Forschung und Lehre, daß sie verpflichtet sind, ihre Lehre in der Forschung ständig zu erneuern. Die Professoren sind also gehalten, auch in ihre Lehre die von mir eingangs angesprochene Suche nach Wahrheit mit all den Unsicherheiten einzubringen, die dieser Suche nun einmal eigen sind.

1. Die Einheit von Forschung und Lehre im Studium

In der Praxis ist die Einheit von Forschung und Lehre, wie ich meine, in hohem Maße bedroht. Dies sieht man an den heutigen Bedingungen des Universitätsstudiums. Die Antwort der Politiker und auch der staatlichen Verwaltung auf die große Zahl der Studenten oder auf das, was man die „Überlast" oder herzloser den „Studentenberg" nennt, war in der Vergangenheit nichts anderes als die fortschreitende Verschulung des Studiums. Wir können heute die bemerkenswerte Beobachtung machen, daß auf den Gymnasien, den weiterführenden Schulen, vor allem in der Oberstufe die sogenannte Verwissenschaftlichung des Unterrichts fröhliche Urstände feiert. Wer diese Oberstufe dann hinter sich und die allgemeine Hochschulreife erworben hat, wird auf der Universität dann wieder in den Schulbetrieb, in die Verschulung gesteckt. Konkret bedeutet dies:

Vermehrung von Prüfungen, Forderung nach Zwischenprüfungen, das Ablegen von Prüfungen in angemessener Zeit und zum Teil mit geisttötenden Techniken wie etwa dem multiple choice-Verfahren, in dem einem Studenten auf einer wissenschaftlichen Hochschule zugemutet wird, auf die Sprache, und damit auf ein Stück eigener Würde, zu verzichten.

Ausbildung wird im allgemeinen Verständnis und gerade im politischen Bereich verstanden als Vermittlung positiver Wissensinhalte, als Austausch von Informationen zwischen akademischen Lehrern und Studenten. Das Ganze hat dann in angemessener Zeit zu geschehen. Die Selektionsmechanismen der Prüfungen sollen dafür sorgen, daß die Studenten aus Kostengründen nicht zu lange auf der Universität bleiben. Bei einem in dieser Weise verschulten Lehrbetrieb, der in manchen Fächern geradezu erschreckende Ausmaße angenommen hat, müssen das Einbringen von Forschung in die Lehre und damit die Wissenschaft zwangsläufig auf der Strecke bleiben. Dies wird in der politischen Diskussion zum Teil ganz offen zugegeben und in Kauf genommen. So wird zur Reform des Studiums der ernstgemeinte Vorschlag gemacht, sechssemestrige Studiengänge anzubieten, die auf Forschung und Wissenschaft insgesamt verzichten und den ersten berufsqualifizierenden Abschluß für die Masse der, wie man meint, mehr oder weniger unfähigen Studenten ermöglichen sollen, während Forschung und Wissenschaft in der Ausbildung dann nur den höheren Semestern mit besonderer Qualifikation vorbehalten bleiben soll. Hier wird ein Billigstudium ohne Wissenschaft für die Masse der Studenten gefordert. Damit ergeben sich für das akademische Studium erhebliche Probleme, die aber heute nicht unser Thema sind, obwohl auch dies ein abendfüllendes Programm wäre. Wichtig für uns ist hier nur, daß in der Praxis und hinsichtlich der Bedingungen des wissenschaftlichen Studiums an der Universität heute die Tendenz der Abkehr von dem Prinzip der Einheit von Forschung und Lehre offenkundig betrieben wird. Die Lehre tendiert zur Ausbildung ohne Forschung, zur Ausbildung ohne Wissenschaft.

2. Die akademische Lehre

Dieser Tendenz entspricht auch die Erwartungshaltung, die der Staat gegenüber der akademischen Lehre und den akademischen Lehrern einnimmt. Dabei kann ich im Ergebnis weitgehend auf das zurückgreifen, was ich in der Praxis im Umgang mit den politischen Instanzen in der Vergangenheit erlebt habe. Der akademische Lehrer ist Lehrer wie jeder andere Lehrer auch. Ihm werden bloße Ausbildungsfunktionen zugestanden, er ist Ausbilder wie es andere Ausbilder in der Schule, im Gewerbe, in der Industrie oder im Militär auch sind. So verlieren der akademische Lehrer und die akademische Lehre ihre Eigenart. Dies ist ein Problem, mit dem der Professor auch dann konfrontiert wird, wenn er seinen Anspruch auf Forschung geltend machen will. Wenn der akademische Lehrer etwa in Berufungsverhandlungen über die Anerkennung von auswärts verbrachten Semestern für sein Forschungsfreisemester verhandelt, wird er spontan von der Wissenschaftsverwaltung dem Verdacht der Drückebergerei ausgesetzt. Weil Forschung im Nachdenken besteht, und Leuten, die nicht besonders sensibel sind, der Unterschied zwischen Nachdenken und Faulheit kaum geläufig ist, wirkt Forschung wie ein verschleiertes Freizeitbedürfnis. Dies ist in unserem Beruf in der Tat etwas schwierig. So ist, um es noch etwas pointierter auszudrücken, der Lehrprofessor längst keine Theorie mehr. Es gab in einzelnen Bundesländern lange Diskussionen, in denen wir uns gegen die Zumutung wehren mußten, daß die Menge der Professoren, weil sie ja angeblich sowieso nicht richtig forsche, doch eigentlich nur zur Lehre berufen sei. Deswegen wollte man mit einem entsprechenden Stundendeputat reine Lehrprofessoren, das heißt, akademische Lehrer ohne Forschung und ohne Wissenschaft, schaffen. Wir sind deswegen dankbar, bei der Gelegenheit eines Prozesses, den wir vor dem Bundesverfassungsgericht geführt haben, ein Urteil erhalten zu haben, das dieser kuriosen Forderung nach einer „akademischen Lehre" ohne Forschung und ohne Wissenschaft einen Riegel vorschiebt. In der Entscheidung des Bundesverfassungsgerichts zur Amtsbezeichnung der Hochschullehrer ging es, was oft verkannt worden ist, nicht um Lametta, Orden- und Ehrenzeichen. Vielmehr steht in diesem Urteil der bedeutsame Satz: Das Wesen und die Eigenart der akademischen Lehre besteht darin, daß sie der ständigen Erneuerung aus der Forschung bedarf. Kürzer, knapper und klarer kann man das Prinzip der Einheit von Forschung und Lehre nicht formulieren. Wir sind über diesen Spruch des Bundesverfassungsgerichts besonders dankbar, weil wir in einer parlamentarischen Demokratie leben, die wunderlicherweise so geartet ist, daß das Wort eines Verfassungsgerichts oft mehr gilt als das Wort des Parlaments. Damit gewinnt, um zum Thema zurückzukehren, die Einheit von Forschung und Lehre auch eine rechtliche Dimension, über die ich allerdings jetzt nicht weiter sprechen will. Wichtig scheint mir, darauf hinzuweisen, daß durch das Prinzip der Einheit von Forschung und Lehre auch die Professoren als akademische Lehrer in die Pflicht genommen werden. Die Studienbedingungen der „Massenuniversität" sind nicht ohne Einfluß auf die akademische Lehre und den akademischen Lehrer geblieben. Zu oft scheint mir übersehen zu werden, welch anregende Funktion die akademische Lehre auch für die Forschung hat. Der heilsame Zwang, gerade in Anfängerveranstaltungen zu den Grundlagen des Fachs zurückzukehren, führt zu einer Selbstkontrolle, die den Professor vor einer fruchtlosen Überspezialisierung bewahren kann. Dies ist ein hoher Wert, der mit der Einheit von Forschung und Lehre nicht nur zugunsten der Lehre, sondern auch und gerade zugunsten der Forschung unbedingt verteidigt werden sollte.

3. Der akademische Lehrer

Die Situation der Anfänger in den Einführungsveranstaltungen ist in manchen Fächern geradezu desaströs. Es kommt vor, daß ein Student etwa des

Fachs Medizin in seinem ersten Semester einen Professor überhaupt nicht zu Gesicht bekommt. Nicht zuletzt die Erfahrungen aus der schwierigen Zeit nach 1968 mögen dazu geführt haben, daß die große Anfängerveranstaltung vernachlässigt wird. Dies halte ich für einen schlechten Zustand. Die Zeiten, als die große Vorlesung in der akademischen Lehre noch sehr ernst genommen wurde und sozusagen zum innersten Heiligtum jedes Professors gehörte, könnten doch zum Nachdenken anregen. Heute wird die Lehre oft als reine Last empfunden. Alles flieht in die Forschung oder in das, was man für Forschung hält. Hier mischen denn neuerdings auch die Fachhochschulen kräftig mit. Von seiten der staatlichen Kultusverwaltung wird häufig der Einwand erhoben, es werde zuviel geforscht, auch von solchen, die gar nicht die Voraussetzungen für die Forschung mit sich brächten. Dieser Einwand ist sehr ernst zu nehmen, weil er teilweise zutrifft. Dennoch empfinden wir diesen Einwand, wenn er von Politikern oder der Verwaltung gelegentlich sogar mit einem leicht hämischen Unterton vorgetragen wird, als provozierend und ungerecht. Wir müssen uns nämlich fragen, wo denn die Ursachen für die massenhafte Forschung, für den besonderen Drang nach Forschung auch von denen liegen, die die notwendigen Qualifikationen nicht haben. Wir meinen, daß wir es hier mit dem Ergebnis einer langfristig wirkenden Personalpolitik zu tun haben, zu der, wie man im Gesetzblatt nachlesen kann, auch die berüchtigten Überleitungswellen der Vergangenheit gehören. Das waren jene vom Gesetz verordneten Ernennungen zu Professoren, bei denen keine Rücksicht auf die Qualifikation genommen wurde. Noch nie habe ich mich gescheut darauf hinzuweisen, daß wir wegen der Überleitungswellen das Problem der „Massenuniversität" auch in unseren eigenen Reihen haben.

Auf der anderen Seite gibt es – und auch dies ist ein Ergebnis der Personalpolitik – hochqualifizierte Wissenschaftler, die als sogenannte C 2-Professoren mit Billigprofessuren ohne Ausstattung abgefunden werden und damit oft überhaupt keine Chance zu ernst zu nehmender Forschung haben. Um die Situation der Forschung und des Forschers in der Universität angemessen zu beschreiben, genügt es allerdings nicht, auf die Personalpolitik und die Fehler der Vergangenheit hinzuweisen. Auch ein Blick in die Universität selbst belehrt uns darüber, wie problematisch diese Situation ist. Dies habe ich in eindrucksvoller Weise auf dem Hochschulverbandstag in Trier erfahren. In seinem Vortrag „Universität ohne Forschung" hat der Althistoriker Christian Meier, der angesichts seines hohen wissenschaftlichen Ansehens über den Verdacht, Opfer seiner eigenen Kritik zu sein, weit erhaben ist, die Situation der Forschung im allgemeinen und vor allem die Situation der Geisteswissenschaften beschrieben. Die Situation in den Geisteswissenschaften kennzeichnet Christian Meier mit den Begriffen „Kurzatmigkeit und Hektik". Was ist mit Kurzatmigkeit gemeint? Schon Schelsky hatte in den sechziger Jahren auf den eigentümlichen Tatbestand hingewiesen, daß die Veröffentlichung wissenschaftlicher Monographien, die immer als die Krönung von Forschung gegolten haben, heute abgenommen hat.

Wissenschaftliche Monographien werden zwar nach wie vor geschrieben, vor allem aber in der Form von Dissertationen oder Habilitationsschriften. Nach der Habilitation verlieren sich viele akademische Lehrer und Forscher in Aufsätzen, die oft – und hier kann ich vor allem für mein eigenes Fach sprechen – sogar auf den leisesten Hauch eines literarischen Anspruchs verzichten. Ich weiß gar nicht, ob der literarische Anspruch an wissenschaftliche Veröffentlichungen in den Geisteswissenschaften heute überhaupt noch gestellt wird. Dieser Anspruch war früher eine Selbstverständlichkeit, selbst in der Jurisprudenz. Die Aufsatzkultur, die Herausgebertätigkeit und die berühmte Wörterbuchkultur können wir in geisteswissenschaftlichen Fächern in bemerkenswertem Umfang beobachten, ohne daß die enzyklopädischen Fähigkeiten unserer Zeit besonders hoch einzuschätzen sind. Die Organisation des Wissenschaftsbetriebs ist alles! Was dies praktisch bedeutet, will ich mit dem Beispiel eines Direktors belegen, der in seinen besten Jahren zur Leitung eines wissenschaftlichen Instituts berufen wurde und dies mit dem Satz honoriert hat: „Ich betrachte meine Aufgabe in Zukunft nicht darin, selbst Bücher zu schreiben, sondern darin, jüngere Leute dazu anzuleiten." Dies ist mit Kurzatmigkeit gemeint.

Die Hektik, von der Christian Meier spricht, entsteht durch die Inanspruchnahme der Professoren in der Öffentlichkeit. Ich meine jetzt noch nicht einmal die bemerkenswerte Tätigkeit vieler Kollegen, die als Gutachter und Experten in Fernsehsendungen bis hin zur Tagesschau auftreten, sondern die Inanspruchnahme durch die akademische Öffentlichkeit im Tagungswesen. Karl Jaspers hat seinerzeit mit Recht darauf hingewiesen, daß die wissenschaftliche Tagung eine hervorragende Gelegenheit zur wissenschaftlichen Begegnung und damit zur Befruchtung der Forschung durch den Dialog sei. Ob das heutige Tagungswesen diesen Vorstellungen noch entspricht, bezweifele ich. Ich kann mich des Eindrucks nicht erwehren, daß das Tagungswesen in unserer gut dotierten Gesellschaft als eine angenehme Form der Flucht vor dem lästig gewordenen und ungeliebten Schreibtisch betrieben wird. Dies gilt vor allem dann, wenn die wissenschaftliche Tagung attraktive Ziele im Ausland in Aussicht stellt. Die Folgen des heute üblich gewordenen Wissenschaftstourismus müssen nachdenklich stimmen: Im Tagungswesen feiert das flüchtige Wort Triumphe, nicht das mühsam geschriebene.

Ein dritter Punkt, auf den Christian Meier hingewiesen hat, ist die Situation des wissenschaftlichen Nachwuchses in der Universität. Der wissenschaftliche Nachwuchs ist eine Säule der Forschung, nämlich der Forschung von morgen. Um so betrüblicher ist die Diagnose, die uns Christian Meier anbietet: „Über der ganzen Veranstaltung Universität liegt im Moment eine lähmende Atmosphäre, bedingt durch den Eindruck der Zukunftslosigkeit der jüngeren Generationen. Man hätte denken können, daß eine Art Galgenhumor aufkäme, eine Blütezeit für das gemeinsame Betreiben der Wissenschaft: Da man eh wenig berufliche Aussichten hat, könnte man sich ja dem Erkenntnisprozeß um so leidenschaftlicher hingeben! Aber das Gegenteil ist, jedenfalls einstweilen, eingetreten. Erkenntnis scheint doch wohl abhängig zu sein von dem, was man dafür bekommt oder zu erwarten hat. Sie reizt für sich genommen anscheinend wenig, vielleicht auch, weil sie so schwierig ist, weil ihre Sache nicht auf den Nägeln zu brennen scheint, weil es einstweilen kaum gemeinsame geistige Formen gibt, in denen sie wichtig und mitteilbar wird. Man sucht sich eher Nischen, jeder die seine. Man geht übrigens auch kaum Wagnisse ein. Der wissenschaftliche Nachwuchs, so habe ich den Eindruck, setzt zumeist auf Nummer Sicher. Auf den bewährten Wegen meint er am ehesten noch zum Ziel zu kommen. Daneben gibt es dann noch gewisse Subkulturen. Und sehr viele verlassen die Universität, gerade die Besten. Es ist kein Wunder: Nachdem man in einem Akt unglaublichen politischen Schwachsinns die Universitäten mit pensionsberechtigten Räten vermauert hat, ist man ja nun dabei, die wenigen dann noch verbleibenden Stellen zu kassieren." Diese Beschreibung der Situation des wissenschaftlichen Nachwuchses mag ein wenig zu pessimistisch geraten sein; dennoch ist diese Situation dramatisch. Es gibt in der Tat den Typus des Nachwuchswissenschaftlers, der die Nische der sozialen Sicherheit sucht. Im besten Fall sucht man die Nische für die eigene Forschung und zur Weiterqualifikation. Andere verlassen die Universität. Das Problem der Abwanderung besteht für viele Fächer. Kollegen berichten uns, daß gerade für die Besten die Universität nicht mehr attraktiv ist. Dies liegt vor allem daran, weil wir an der Hochschule vor dem Problem des vollen Hauses stehen. Die Überleitungen haben uns die Universitäten in der Tat zugemauert. In vielen Fächern besteht zur Zeit kaum Hoffnung, in einigen Fächern ist die Situation des wissenschaftlichen Nachwuchses sogar aussichtslos. Wir haben uns daher bemüht, in der Öffentlichkeit für dieses Problem Verständnis zu finden. Immerhin gibt es zur Zeit etwa 1 400 Privatdozenten ohne gesicherte Stellung. Wir haben in der Öffentlichkeit mit unseren Sorgen deswegen Verständnis gefunden, weil wir nicht ein soziales Sonderprogramm für arbeitslose Wissenschaftler gefordert haben. Schließlich sind auch die Wissenschaftler, wie jedermann, von dem allgemeinen Risiko der Arbeitslosigkeit betroffen. Wir wissen jedoch, daß bei der jetzt herrschenden Alterspyramide ab dem Jahr 1995 ein ganz entscheidender Nachholbedarf entstehen wird. Es ist klar, daß dieser Nachholbedarf nicht zu decken sein wird, wenn nicht heute schon genügend junge Leute mit Chancen zur Verfügung stehen. Wenn wir nicht heute etwas für die kommende Situation tun, entsteht eine wissenschaftliche Lücke, die man 1995 dann nur noch mit einer neuen Überleitungswelle ausfüllen kann. Dies aber würde der Universität erneut schweren Schaden zuführen.

IV. Die Universität als Forschungseinrichtung

Forschung ist im Großbetrieb Universtiät offenkundig nicht gut aufgehoben. Dies wird auch allgemein so gesehen. Deswegen ist seit einigen Jahren die

Forschung in der Universität wieder ein Thema, das auch die Politiker beschäftigt.

Forschungsförderung wird in der Universität vor allem vom Staat betrieben. Der Staat ist hier de facto Inhaber eines Monopols. Darüber können auch die berühmten Drittmittel nicht hinwegtäuschen. Wir wissen, daß es früher eine geradezu ridiküle Phobie vor den Drittmitteln gegeben hat. Man hat uns der Industrieabhängigkeit und dergleichen verdächtigt. Drittmittel galten geradezu als anstößig. Heute ist dies anders geworden. Selbst diejenigen, die noch vor wenigen Jahren sehr heftig gegen das Drittmittelwesen opponiert haben, wissen, daß auf Drittmittel auch aus der Industrie nicht verzichtet werden kann, weil die Staatskassen leer geworden sind. Abgesehen davon verdient in besonderer Weise hervorgehoben zu werden – und dies wurde in der Diskussion über die Drittmittel in der Vergangenheit geflissentlich übersehen –, daß etwa 93% aller Drittmittel, die in die Universitäten eingebracht werden, aus öffentlichen Kassen stammen. Dabei denke man nur an das Beispiel der Deutschen Forschungsgemeinschaft. Auch hier ist die Staatskasse der wichtigste Träger der Forschungsförderung.

1. Die Forschungsförderung als staatliche Aufgabe

Die Bundesrepublik Deutschland gehört neben den Vereinigten Staaten von Amerika und Japan zu den Staaten, die seit Jahren ganz erhebliche Aufwendungen für die Forschung auch an den Universitäten aufbringen. Angesichts der Höhe dieser Aufwendungen wird naheliegenderweise die Frage nach dem Erfolg gestellt, ob also Aufwand und Nutzen in einem angemessenen Verhältnis stehen. Hierzu ist vorweg zweierlei zu bemerken. Selbstverständlich wird auch an der Universität von heute hervorragende Forschung betrieben. In der Öffentlichkeit ist jedoch die Vorstellung weit verbreitet, daß die erheblichen finanziellen Aufwendungen des Staates nicht die gebührende Antwort finden, daß die Forschungsleistung insgesamt, die die Institution der Universität zu erbringen habe, eigentlich höher sein müßte. Wie aber steht es nun tatsächlich mit der Forschungsförderung, mit der Ausstattung der Universitäten mit dem lieben Geld?

Finanzielle Mittel sind für die Forschung notwendig und für die Ausstattung der Universitäten daher unverzichtbar. Dies ist auch rechtlich gesichert. Jeder Hochschullehrer hat einen Rechtsanspruch auf eine Grundausstattung. Sobald man allerdings über das notwendige Minimum an Ausstattung hinausgeht, teilen sich die Wege der verschiedenen Disziplinen. Oft entscheidet die Verfügbarkeit und die Verteilung von Mitteln darüber, ob Forschung stattfindet oder nicht. Dies gilt vor allem für die Naturwissenschaften, für die Technik und für die Medizin. In all diesen Fächern ist der Forscher auf erhebliche Mittel angewiesen. Hier heißt die Devise in vielen Fällen: ohne Mittel keine Forschung! In Zeiten der knappen Kassen entstehen damit naturgemäß erhebliche Verteilungsprobleme. In anderen Wissenschaften ist die Situation weniger dramatisch. In den Geisteswissenschaften braucht man gute Bibliotheken, Bleistift, Papier und natürlich Muße. Was die Muße angeht, verweise ich auf das, was ich oben unter den Stichworten „Hektik und Kurzatmigkeit" im Sinne von Christian Meier gesagt habe.

Die Notwendigkeit der finanziellen Ausstattung der Universitäten wird von niemandem bestritten. Das gleiche gilt aber auch für den zur Zeit bestehenden Zwang zum Sparen. Deswegen haben wir alle Spardiskussionen der letzten Jahre ernst genommen. In dieser Diskussion dürfen wir uns allerdings nicht den Weg für das Wesentliche verstellen lassen. Wir müssen uns vor allem vor der Vorstellung hüten, daß es bei der Forschung in der Universität in erster Linie oder vielleicht auch nur auf die Ausstattung und das Geld ankäme. Ich glaube, daß die Probleme der staatlichen Forschungsförderung ganz woanders liegen.

Die staatliche Forschungspolitik zeigt die bemerkenswerte Tendenz zu einem rein quantitativen Denken. Die Forschung wird nach ihrem quantifizierbaren Ertrag gefördert, der am konkreten Erfolg gemessen wird. Unser Kollege Wolfgang Knies hat damals, als er noch Kultusminister des Saarlandes war, das Verhältnis des Staates zu den Hochschulen so beschrieben, daß die Universitäten als Forschungseinrichtung von den Parteien und Parlamenten wie ein großer Apparat behandelt werden, in den man DM 100,– hineinwirft und aus dem dann nach zwei bis drei Monaten DM 300,– herauskommen sollen. Dieses Bild trifft in der Tat zu. Es entspricht im übrigen dem System unserer wahlwerbenden Demokratie, das die Regierungen zur parlamentarischen Verantwortlichkeit verpflichtet. Deshalb sind die Parlamente geneigt, auch in der Forschungspolitik auf Heller und Pfennig abzurechnen. Sie ziehen die Regierungen für deren Forschungspolitik zur Verantwortung und erwarten, daß man den Ertrag dieser Politik nach einer vordergründigen Kosten-Nutzen-Analyse quantifizieren kann. Dem tragen viele Regierungen dann auch Rechnung, indem sie die Forschungsförderung im Sinne eines derartigen quantitativen Denkens betreiben. Welche Auswirkungen aber hat eine Forschungsförderung, die sich am quantifizierbaren Nutzen ausrichtet, für die Forschung selbst?

Durch die derzeitige Praxis der staatlichen Forschungsförderung geraten all jene Fächer ins Hintertreffen, die über quantifizierbare Forschungsergebnisse, über einen quantifizierbaren Nutzen gar nicht verfügen. Dies sind vor allem die Geisteswissenschaften. Bei den Naturwissenschaften, der Technik und der Medizin liegen die Dinge häufig anders. Hier können in der Tat Forschungsergebnisse erzielt werden, die sich in der Anwendung bewähren und unmittelbar berechenbaren Nutzen bringen. Dieser Tatbestand führt zwangsläufig dazu, daß die Naturwissenschaften, die Technik und die Medizin in den Vordergrund rücken und in der Universität zu Leitwissenschaften geworden sind, während die Geisteswissenschaften in den Hintergrund treten und ihnen allenfalls noch eine Ausbildungsfunktion zugestanden wird. In der Rangfolge der Fakultäten ist also im Verhältnis zur traditionellen Universität eine Umkehrung eingetreten. Traditionell galten die Geisteswissenschaften als führend. Heute ist es unter den herrschenden Bedingungen der staatlichen Forschungspolitik umgekehrt.

2. Die Forschung in der Universität

Eine Forschungsförderung, die sich am quantifizierbaren Nutzen orientiert, verändert auch das Bild des Forschers. Wenn sich Forschung als nützlich erweisen muß, um gefördert zu werden, bedarf es des geschäftstüchtigen Hochschullehrers, der nicht immer der beste Forscher ist. Ich will das an dem Beispiel aus meiner eigenen Praxis erläutern. An einer Universität, der ich früher einmal angehört habe, wurde der berühmt gewordene Vorschlag diskutiert, den ein hochangesehener Bildungspolitiker gerade aus England mitgebracht hatte. Nach diesem Vorschlag sollten die knapper werdenden staatlichen Mittel in der Forschung so verteilt werden, daß diejenigen, die außerhalb der Universität die meisten Drittmittel eingeworben hatten, zusätzlich noch staatliche Gelder erhalten sollten. Nach der Devise „wer hat, dem wird gegeben" sollten also diejenigen mit den staatlichen Mitteln ausgestattet werden, die sich im Einwerben von Drittmitteln als besonders erfolgreich erwiesen hatten. Die Übertragung dieser Maxime auf die Fakultät, der ich damals angehört habe, sieht so aus: Unter den etwa zwanzig Hochschullehrern der Fakultät gab es einen Privatdozenten, der aus wissenschaftlichen Gründen mit Schwierigkeiten bei seiner Habilitation und später bei seiner Berufung zu kämpfen hatte. Dieser Privatdozent war aber in der Fakultät der Drittmittelkönig. Er war auf die geniale Idee gekommen, daß man Erfolg haben könnte, wenn man mit dem Fernsehen zusammenarbeitet und einen Film über soziologische und strafprozessuale Probleme der einheimischen Prostitution dreht. Er bekam DM 800 000,– auf die Hand, um diesen Film wissenschaftlich zu beraten und zu drehen. Dieser Betrag ist für einen Juristen eine unglaubliche Summe, und so wurde der Privatdozent denn auch unser Drittmittelkönig. Wenn wir die Maxime „wer Drittmittel einwirbt, ist auch ein tüchtiger, der staatlichen Forschungsförderung würdiger Forscher" auf diesen Fall anwenden, hätten die Forschungsmittel meiner Fakultät nur einem zugestanden, und die anderen wären leer ausgegangen. Mit diesem Beispiel will ich sagen, daß der Geschäftstüchtige durchaus nicht der gute Forscher sein muß. So wäre nach meiner Einschätzung Immanuel Kant, der mit seiner Philosophie den Geist und das Lebensgefühl eines ganzen Jahrhunderts nachdrücklich bestimmt hat, an der heutigen Universität und unter den gegenwärtigen Bedingungen der staatlichen Forschungsförderung kaum noch zu einer Grundausstattung gekommen. Gerade weil die Dinge so liegen, muß die Universität auch die scheinbar nutzlose Wissenschaft pflegen. Sie muß noch einen Platz nicht nur für den Geschäftstüchtigen, sondern auch für denjenigen haben, der scheinbar Nutzloses erforscht und doch den großen wissenschaftlichen Erfolg haben kann.

Eine am quantifizierbaren Nutzen ausgerichtete Forschungspolitik verändert auch die Forschung in den Naturwissenschaften, der Technik und der Medizin. Wo das quantitative Denken herrscht, wird notwendig die angewandte Forschung bevorzugt; denn nur diese kann in der konkreten Anwendung den berechenbaren Nutzen bringen, den man erwartet. Deswegen wird in der Bundesrepublik – und dies gilt nicht nur für die Universitäten – wie gebannt auf die angewandte Forschung geschaut. Dadurch gerät die sogenannte Grundlagenforschung, von der in der öffentlichen Diskussion die wenigsten wirklich genau dartun, was sie damit meinen, stark ins Hintertreffen. Die amerikanische Kritik an der deutschen Industrieforschung bemängelt interessanterweise vor allem, daß bei uns zu viele Vorhaben anwendungsbezogen konzipiert sind und zu wenig Grundlagenforschung betrieben wird. Es gibt, so habe ich mich belehren lassen, in den Naturwissenschaften die bemerkenswerte Erfahrung, daß eine anwendungsbezogene Forschung, die ihr Programm von vornherein auf die konkrete Nutzanwendung bezieht, über kurz oder lang steril oder zumindest wenig fruchtbar wird, während umgekehrt die Grundlagenforschung, die nicht auf die Zweckmäßigkeit im Sinne der Anwendung sieht, vielfältige Frucht auch in der Anwendung trägt. Daraus ergibt sich folgender Befund: Anwendungsbezogene Forschung tendiert zur Fruchtlosigkeit, Grundlagenforschung ist auch in der Anwendung hochbewährt. Als Beispiel hierfür mag die Verleihung des Nobelpreises an Klaus von Klitzing gelten. Seine Entdeckung, der Klitzing-Effekt, war ohne Rücksicht auf die konkrete Anwendung in der reinen Forschung entstanden. Diese Entdeckung aber hat für die Praxis unerhörte Folgen, und sie ist auch für die Anwendung von hohem Nutzen.

Die Kritik an der überzogenen Förderung der anwendungsbezogenen Forschung geht aber noch tiefer. Mein verstorbener Kollege Becker, der als Mechaniker an der Technischen Universität Darmstadt tätig war, hat uns in eindrucksvoller Weise auf dem Hochschulverbandstag in Trier vor einer Überschätzung von Geld und Ausstattung gewarnt. Ausgerechnet ein Mechaniker, nicht aber ein Geisteswissenschaftler, hat diese Warnung ausgesprochen. Die Überschätzung von Geld und Ausstattung stärkt den falschen Glauben, daß alles machbar sei, wenn nur das Geld und die Organisation stimmen. Das Ergebnis eines solchen Denkens ist, daß die Technik, die als Wissenschaft korrumpiert wird, zur bloßen Technologie verkommt. Diese Technologie liefert jene „Datenschutthalden" (Becker), die niemandem nützen und überdies das zudecken, was wir die Suche nach der Wahrheit genannt haben. So fordert auch Becker unter Bezugnahme auf Galilei und Heisenberg seine Kollegen der technischen Wissenschaften und der Naturwissenschaften auf, sich wieder an dem traditionellen Leitbild der Forschung, nämlich an der Suche nach Wahrheit zu orientieren. Allein die Forschung mit diesem Anspruch kann man als Grundlagenforschung bezeichnen.

In der Suche nach der Wahrheit begegnen sich die Naturwissenschaften, die Technik und die Medizin mit den Geisteswissenschaften. Es sollte nicht so sein, daß die Naturwissenschaften, die Technik und die Medizin allein wegen ihrer Anwendungsnähe zu Leitwissenschaften erhoben werden. Vielmehr haben auch die Geisteswissenschaften ihren Platz in der Universität. Dies wird in der öffentlichen Diskussion gelegentlich auch zu Recht hervorgehoben. Odo Marquardt hat auf der Jahrestagung der Westdeutschen Rektorenkonferenz in Bamberg die griffige Formel geprägt: „Je moderner die moderne Welt wird, um so unvermeidlicher werden die Geisteswissenschaften!" Der Ministerpräsident des Landes Baden-Württemberg, Lothar Späth, der nicht im Verdacht steht, geisteswissenschaftlicher Schwärmerei zuzuneigen, hat auf dem 600jährigen Jubiläum der Universität Heidelberg sehr deutlich gesagt, daß es nun an der Zeit sei, die Geisteswissenschaften in die Pflicht zu nehmen. Der technologische Wandel, der heute im Gange ist und dessen Schnelligkeit besorgniserregende Probleme aufwirft, fordere gerade die Geisteswissenschaften dazu heraus, Antworten zu geben. Sie dürften dabei nicht nur an der Klagemauer stehen, sondern müßten konkrete Antworten auf die drängenden Probleme geben.

Dieses Plädoyer für die Geisteswissenschaften sollte nicht mißverstanden werden als Rückkehr zu dem alten Ideal Wilhelm von Humboldts, der die Philosophie als Leitwissenschaft in der Universität etablieren wollte. Es geht nicht darum, die Hegemonie irgendeines Faches in der Universität zu begründen. Vielmehr sind mit der Hinwendung zur Forschung und der Suche nach Wahrheit die Naturwissenschaften, die Technik und die Medizin in gleicher Weise wie die Geisteswissenschaften gefordert. Wir brauchen eine Naturwissenschaft, die nicht nur über die Fragen ihrer Anwendung, sondern auch über die Natur selbst nachdenkt. Das gleiche gilt für die technischen Wissenschaften, wie uns Becker dies eindrucksvoll dargetan hat, aber auch für die Medizin. Es geht also nicht um die Hegemonie eines Faches, um Leitwissenschaften, sondern um die Einheit der Wissenschaften, also um die Suche nach der Einheit im Geist, die allen Wissenschaften eigen ist. Mich erfüllt mit Sorge, daß diese Suche nach der Einheit im Geist heute im Großbetrieb „Universität" in eine Nische gerückt wird und damit zur Subkultur gerät.

Die staatliche Forschungsförderung weist heute die offenkundige Tendenz auf, über die Förderung von lauter Projekten die Förderung des Forschers zu vergessen. Nach meiner Einschätzung läßt sich gute Forschung mit nichts anderem als dem hervorragenden Forscher betreiben. Was ich damit meine, will ich an einem Beispiel aus meinem eigenen Lebensbereich erläutern. Als junger Mann war ich Mitglied der Strukturkommission der Max-Planck-Gesellschaft. Damals konnte ich im Kreise zahlreicher Nobelpreisträger miterleben, wie man feierlich von dem berühmten Harnack-Modell in der Max-Planck-Gesellschaft Abschied nahm. Jenes Modell, das Harnack unter der Förderung Wilhelm II., der ein bedeutender Förderer der Wissenschaft war, entwickelt hatte, bestand ganz einfach darin, daß man Forschungsinstitute um einzelne hervorragende Forscher herum gegründet hat. Dabei lautete die Devise: Man nehme einen hervorragenden Forscher, schütte ihm in Erwartung des sogenannten Rumpelstilzcheneffekts Stroh in die Kammer, und er wird schon Gold daraus machen. Ein hervorragender Forscher, der über eine genügende Ausstattung und Mitarbeiter verfügen kann, wird als spiritus rector nicht nur für seine Mitarbeiter ein großer Gewinn sein, sondern auch die Forschung in ihren Grundlagen ebenso wie in ihren Anwendungen weiter vorantreiben. Dieses Prinzip der Forschungsförderung reichte so weit, daß Wissenschaftler in der Max-Planck-Gesellschaft selbst die Verfügungsgewalt über den Gegenstand ihres Instituts hatten. Von diesem Modell wurde damals feierlich Abschied genommen. Als neue Maximen der Forschungsförderung galten fortan die kollegiale Leitung und die Einrichtung von Instituten nach Forschungsgegenständen, also die Projektforschung. Auch hier wird also die Tendenz zur Forschung ohne den Forscher erkennbar. So komme ich heute immer mehr zu der ganz einfachen Erkenntnis, daß eine gute Wissenschaftspolitik und eine gute Forschungspolitik nichts anderes sind als gute Personalpolitik. Darin wurde ich bestätigt, als ich mir das Vergnügen erlaubte, die soeben erschienene Biographie von Hans-Peter Schwarz über Konrad Adenauer zu lesen. Dort habe ich mit Erstaunen zur Kentnnis genommen, daß Adenauer als Oberbürgermeister der Stadt Köln im Jahr 1919, also zur Zeit der größten Depression, innerhalb von drei Jahren nicht nur die zweitgrößte preußische Universität geschaffen, sondern diese auch zur höchsten Blüte gebracht hat. Insider wissen, was man auch in der Biographie von Schwarz nachlesen kann, daß diese erstaunliche Leistung Adenauers nur auf einer klugen Berufungs- und Personalpolitik beruht hat.

Ich fürchte, daß unsere heutige Forschungsorganisation darauf angelegt ist, die Rechnung ohne den Wirt zu machen. Die Forscher reagieren darauf, indem sie sich immer mehr nach draußen begeben, die Universität verlassen, weil sie der bürokratischen Veranstaltung der Universität nicht mehr trauen. Eine Renaissance erleben heute bezeichnenderweise die berühmten An-Institute. Als Forschungsinstitute sind sie den Universitäten lediglich angegliedert, ihnen aber nicht eingegliedert, weil hier der Geldgeber, vor allem bei der Drittmittelforschung, dem bürokratischen Apparat der Universität derart mißtraut, daß er wegen der verschleierten Verantwortlichkeit in mehrheitsbestimmten Gremien die Forschung nur dann mitfinanzieren will, wenn das Forschungsinstitut von den organisatorischen Behinderungen der Universität befreit und dieser daher lediglich angegliedert ist. Dies geht so weit, wie mir ein Kenner der Szene einmal berichtet hat, daß Unternehmen, die bereit waren, viel Geld für die Forschung auszugeben, einen Forscher gewinnen konnten und für ihn außerhalb der Universität eine GmbH gegründet haben, weil nur in dieser Rechtsform die nötigen Freiräume gewährleistet waren, die für eine gedeihliche Forschung nun einmal erforderlich sind. Die Forschung braucht eben ein Mindestmaß an freiheitlicher Organisation.

Als weiteres Beispiel soll in diesem Zusammenhang die Einrichtung von Wissenschaftszentren oder Wissenschaftskollegien dienen. Einrichtungen dieser Art gibt es etwa in Berlin und München. Bei allem Respekt vor der Güte und hohen Qualität dieser Einrichtungen kann ich nicht verhehlen, daß ich die Institution der Wissenschaftszentren oder Wissenschaftskollegs als solche für geradezu alarmierend halte. Der Forscher sucht offensichtlich im Drang von der Universität nach draußen in solchen Wissenschaftskollegs seine Zuflucht zur Wissenschaft. Dort sucht er die Muße, dort sucht er die geistige Begegnung. Warum sucht er sie aber nicht mehr in der Universität? Eigentlich müßte doch all das, was die Wissenschaftskollegs betreiben, zum Alltag der Universität gehören. Sind wir denn schon so weit, daß wir diese Selbstverständlichkeit nicht mehr zur Kenntnis nehmen? Hier, glaube ich, eine Tendenz zu beobachten, daß sich die Forschung nicht erst in die Nische der Universität, sondern bereits auf die Flucht nach draußen begeben hat. Dies aber ist alarmierend.

V. Die Forschung im geteilten Deutschland

Will sich die Gesellschaft für Deutschlandforschung Gedanken über die Situation der Forschung machen, scheint es mir angemessen, auch die Frage nach der Forschung in Deutschland, das heißt, die Frage nach der Forschung in unserem geteilten Land zu stellen. Nirgendwo wird die Teilung Deutschlands so markant empfunden wie in Berlin. Hier gibt es auf der einen Seite die Humboldt-Universität und auf der anderen Seite die Freie Universität. Dies gibt mir zu der Frage Anlaß, ob denn der Geist Wilhelm von Humboldts, die Idee der Freiheit oder auch die Suche nach der Wahrheit teilbar sind.

Wie aber steht es nun mit der Forschung in Deutschland? In der DDR sind Wissenschaft und Forschung in den Dienst der staatstragenden Ideologie des Marxismus-Leninismus gestellt. Was dies konkret bedeutet, können wir in der Praxis erleben. So können wir immer wieder feststellen, daß eine staatlich gelenkte Wissenschaft – dies ist nicht nur in der DDR, sondern in allen Diktaturen so – als solche notwendig verkommt. Die Wissenschaft verträgt keine Lenkung durch staatstragende Ideologien, keine Lenkung von außen; denn das widerspricht der Suche nach Wahrheit. Viele, vor allem politiknahe Fächer, zu denen auch mein Fach, das Völkerrecht, gehört, werden in der DDR so betrieben, daß man von Forschung und ernstzunehmender Wissenschaft mit dem Anspruch der Wahrheitssuche kaum reden kann.

Dies heißt allerdings nicht, daß es in der DDR keine Forschung gibt. Die Forschung floriert vor allem in den Fächern, die sich gegenüber der Politik neutraler verhalten können. Dies gilt für die naturwissenschaftlichen und technischen Fächer, aber auch für die Geisteswissenschaften, die einen gewissen Abstand zur Ideologie haben und bewahren können, wie zum Beispiel die alten

Sprachen oder auch die alte Geschichte. In diesen Fächern findet denn auch über die Teile Deutschlands hinweg ein reger Austausch statt. Dieser Austausch findet allerdings nicht in Deutschland statt, sondern vielmehr auf Kongressen in anderen Ländern. Dort versteht man sich, hat ein und dieselbe Sprache, einen Geist und eine Kultur. Dies ist der Austausch und die Begegnung, die Forschung braucht. Dieser Tatbestand ist ein typischer Beleg dafür, wie sich Wissenschaft und Forschung aus ihrer Nische hinausbewegen und auf die Flucht begeben.

Der Situation in der Bundesrepublik will ich mich jetzt mit einer bewußt provozierenden Frage zuwenden. Haben wir nicht in der Bundesrepublik, wenn auch nicht aus ideologischen, wohl aber aus anderen Gründen, eine ähnliche Tendenz beobachten können? Es ist sicher richtig, daß Forschung und Lehre in der Bundesrepublik nach deren Rechtsordnung und in der Praxis frei sind. Dennoch dürfen wir nicht übersehen, daß wir es in der Bundesrepublik mit dem weichen Weg von Bürokratie und Technokratie zu tun haben, die der Forschung ihr Proprium, nämlich die Suche nach der Wahrheit, zu nehmen drohen. Die Bedrohung ist ernst. Sind wir schon so weit, daß die Forschung in der Universität allmählich in Nischen oder vielleicht sogar schon aus der Universität hinausgedrängt wird?

VI. Universität und Wissenschaft

Daß es eine Tendenz zur Nischenforschung, zur Flucht von Forschung und Wissenschaft aus der Universität hinaus gibt, scheint mir offenkundig. Muß dies aber nicht die Forschung in ihrer Existenz bedrohen? Nach meiner Einschätzung muß diese Frage ganz eindeutig mit nein beantwortet werden. Der Geist bahnt sich seinen Weg wie das Wasser, manchmal ein wenig gewaltig, manchmal auch mit der feinen Technik des bloßen Sickerns. Die Forschung wird es als freie Bewegung des Geistes im Umgang mit der Wissenschaft immer geben. Fraglich ist nur, ob und inwieweit die Universität daran Anteil hat. Die deutsche Universitätsgeschichte ist reich an Beispielen, langen Perioden, in denen Forschung und Wissenschaft nicht in der Universität, sondern außerhalb betrieben wurden. Ein Beispiel ist etwa die Philosophie des 16. und 17. Jahrhunderts, als die Universitäten tendenziell zu Schulen verkommen waren, und daher für die große Philosophie keinen Platz hatten. Für unseren Zusammenhang geht es also nicht um die Frage, ob die Forschung in ihrer Existenz bedroht ist, zumal sie sich in der Freiheit des Geistes immer ihren Weg auch außerhalb der staatlichen Einrichtungen suchen und diesen finden wird. Vielmehr geht es um die Rolle der Universität, nämlich um den Zusammenhang der Universität mit der Forschung und der Wissenschaft. Für die Universität ist es lebenswichtig, daß sie den Zusammenhang mit der Wissenschaft bewahrt; denn nur in diesem Zusammenhang ist der Bestand und die Geltung der Universität als einer wissenschaftlichen und kulturellen Einrichtung gewährleistet. Nicht in der Forschung liegt also das Problem, wohl aber in der Universität.

Was ist nun in dieser Situation zu tun? Der Zusammenhang zwischen Universität und Wissenschaft muß in der Forschung wiederhergestellt werden. Der Staat muß die Aufgaben der Universität unter dem Gesichtspunkt der Kultur wieder ernst nehmen und den Mißverständnissen der Vergangenheit gerade in der Forschungsförderung endgültig den Abschied geben. Wir sind froh, daß heute das Thema Kultur auch wieder im Zusammenhang mit der Universität öffentlich diskutiert wird. An dieser Diskussion beteiligen sich nicht nur der Deutsche Hochschulverband, sondern ebenso die Westdeutsche Rektorenkonferenz. Unsere Anregungen sind dankenswerterweise auf fruchtbaren politischen Boden gefallen. Der Staat muß in der Erkenntnis und Anerkennung der kulturellen Funktion der Universität seine Mäzenatenrolle wieder ernster nehmen. Dieses Mäzenatentum bewährt sich in dem Sinn für Qualität und in dem Vertrauen, das der Forscher braucht. Nicht bürokratisches Mißtrauen und auch nicht das Vertrauen in Projekte, Veranstaltungen, Geld und Organisation, sondern das Vertrauen in den Forscher ist die Devise, auf die es künftig ankommen wird.

Die Universität muß allerdings das in sie gesetzte Vertrauen rechtfertigen und selbstbewußt genug sein, sich mit ihrem wissenschaftlichen und kulturellen Auftrag gegen die bürokratischen Elemente des Großbetriebs „Massenuniversität" zu wenden und durchzusetzen. Deswegen haben wir unseren Hochschulverbandstag in Trier mit der Aufforderung an uns selbst geschlossen, in den Großbetrieb Uni wieder den Geist zurückzutragen, dem allein die Einrichtung der Universität ihre Existenz verdankt. Dafür mit Argumenten zu werben, halte ich für außerordentlich lohnend. Deswegen habe ich heute auch nicht zu Hause an meinem Schreibtisch gearbeitet, sondern Ihnen meinen Tagungsbeitrag geleistet.

Carsten Kreklau

MÖGLICHKEITEN UND GRENZEN DES WISSENSTRANSFERS IN DER BUNDESREPUBLIK DEUTSCHLAND – DAS VERHÄLTNIS VON GRUNDLAGEN- UND ANWENDUNGSBEZOGENER FORSCHUNG

I. Innovationsfähigkeit als Bestandteil einer verantwortungsbewußten Zukunftsstrategie

Wir wissen, daß Ideen stets die Leistungen einzelner Personen sind. Innovationen sind das marktfähige Endprodukt einer langen Kette verknüpfter Ideen. Sie entstehen in der Regel erst durch das Zusammenwirken mehrerer Personen, z.B. in Forschungsinstitutionen oder Unternehmen. Bei sehr komplexen Aufgaben kommt es bekanntlich auf das Zusammenwirken von Unternehmen oder gar ganzer Nationen an. In diesem Zusammenhang wird die Frage nach den Möglichkeiten und Grenzen des Wissenstransfers gestellt.

Die Bundesrepublik unternimmt große Anstrengungen, um ihre Innovationsfähigkeit zu sichern. 1986 wurden ca. 55 Mrd. DM für Forschung und Entwicklung aufgewandt. Dies entspricht ca. 2,8% des Bruttosozialprodukts. 1970 waren dies 1,9%. Die Steigerung der F+E-Aufwendungen hat beträchtlich zugenommen, in den Jahren 1981 bis 1986 um 35,5%. Dabei ist der Nachweis hoher Ausgaben für Forschung und Entwicklung natürlich noch kein Erfolgsbeweis. Um die F+E-Ergebnisse möglichst gut zu nutzen und in innovative Lösungen zu überführen, müssen sie miteinander verknüpft werden. Die Voraussetzung hierfür ist der Wissens- und Technologietransfer. Dies ist um so wichtiger, weil unser Forschungssystem vielfältig gegliedert ist. Es beruht auf dem Prinzip der Dezentralisierung und ist somit grundlegend anders als in vielen anderen, insbesondere nicht demokratisch fundierten Staaten konstituiert. Mehrere zum Teil verfassungsrechtlich verankerte Eckdaten sind bei dieser dezentralen Struktur zu berücksichtigen.

Zunächst ist auf die Freiheit von Wissenschaft, Forschung und Lehre hinzuweisen. Artikel 5 des Grundgesetzes sichert diesen Bereichen weitgehende Autonomie zu.

Die angewandte Forschung und Entwicklung ist in die Ordnungskonzeption der Sozialen Marktwirtschaft eingepaßt. Die Wirtschaft wird dezentral über die Märkte gesteuert; die Produktionsmittel stehen im Privateigentum. Unerwünschte Auswirkungen des Wettbewerbs werden durch die Sozialpolitik korrigiert. Freie Forschung und Entwicklung ist Teil der freien unternehmerischen Tätigkeit.

Ein weiteres Faktum ist das Zusammenwirken von Bund und Ländern, das durch Art. 91b des Grundgesetzes geregelt ist. Auf dieser Basis haben Bund und Länder eine Rahmenvereinbarung über die gemeinsame Förderung der Forschung geschlossen, deren wesentliches Ergebnis die Übereinkunft war, daß Bund und Länder bei Einrichtungen und Vorhaben der wissenschaftlichen Forschung von überregionaler Bedeutung zusammenwirken.

Diese hier nur kurz angerissenen Eckdaten müssen bei der Analyse des Verhältnisses von anwendungsbezogener und Grundlagenforschung berücksichtigt werden. Dieses dezentrale System unserer Forschung erlaubt ein flexibles Eingehen auf die komplexen Anforderungen und läßt der individuellen Forscherpersönlichkeit großen Raum. Zu wirtschaftlichen Erfolgen führt dieses System jedoch erst dann, wenn

1. diese arbeitsteilige Forschung gut ist und
2. der Wissenstransfer zwischen den Beteiligten reibungslos funktioniert.

Zunächst ist die Frage zu klären, wie gut unsere Forschung ist und wo ihre Probleme liegen.

II. Empirischer Befund bundesdeutscher Forschungsanstrengungen

Entscheidender Faktor ist ein hochqualifiziertes und motiviertes Forschungspersonal, entsprechender finanzieller Einsatz und ein insgesamt forschungsfreundliches Klima, das sowohl die breit angelegte Grundlagenforschung als auch unsere ziel- und anwendungsorientierte Forschung und Entwicklung herausfordert.

1. Grundlagenforschung

Die Grundlagenforschung ist der politischen Kontrolle und Steuerung entzogen. Sie dient der Gewinnung wissenschaftlicher Erkenntnisse ohne unmittelbar erkennbaren Anwendungsbezug; daher ist sie nur selten kurzfristigen Zielsetzungen unterzuordnen. Die Mittelvergabe erfolgt in der Regel auf Empfehlung von Beratungsgremien nach wissenschaftlichen Kriterien. Im internationalen Vergleich ist unser Anteil an der Grundlagenforschung außerordentlich hoch, am gesamten Forschungsbudget beträgt er ca. 20%. Dies ist in absoluten Zahlen (4 Mrd. US-$) ebensoviel wie die Japaner ausgeben, aber nur – die Größe der Länder ist zu berücksichtigen – ein Viertel der entsprechenden Aufwendungen der USA (16 Mrd. US-$). Allerdings geben wir für die Grundlagenforschung das Eineinhalbfache wie Frankreich (ca. 2,7 Mrd. US-$) aus und liegen somit im

Bereich der Grundlagenforschung in Europa an der Spitze. Und die Tendenz ist weiter steigend: Das Bundesministerium für Forschung und Technologie (BMFT) hat für die Grundlagenforschung seine Aufwendungen beträchtlich erhöht, in den Jahren 1982 bis 1986 stieg der Anteil der Grundlagenforschung an den BMFT-Aufwendungen von 26,1% auf 35,3% (2,613 Mrd. DM).

In der Bundesrepublik wird die Grundlagenforschung von einer Vielzahl von Einrichtungen wahrgenommen:

1. Hochschulen

   Die Hochschulen sind das breite Fundament der Grundlagenforschung. Sie umfassen alle wissenschaftlichen Disziplinen, haben eine relativ hohe personelle Mobilität und Erneuerung bei weitgehend dezentraler Organisation in kleinen Arbeitseinheiten (Institute). Die Gesamtausgaben der öffentlichen Haushalte für Hochschulen betrugen 1985 ca. 22 Mrd. DM, wovon ca. 20,5 Mrd. DM, also über 90%, von den Bundesländern finanziert wurden. Von diesen Mitteln stehen den Hochschulen ca. 8 Mrd. DM für die Grundlagenforschung zur Verfügung. Insgesamt erscheinen damit die Hochschulen als eine gut ausgestattete Einrichtung der Grundlagenforschung, aber sie haben gravierende Probleme zu bewältigen. Zunächst ist auf die durch die starken Jahrgänge verursachte Überbelastung der Hochschulen und die teilweise bedrohlichen Auswirkungen auf Ausbildung und Forschung hinzuweisen. Darüber hinaus ist es nicht in allen Fällen gelungen, zu einer deutlichen Schwerpunktbildung und zu interdisziplinärer Forschung, also der Integration verschiedener Disziplinen in der Forschung zu gelangen, und schließlich stellt die – auch für die Zukunft erkennbare – Finanzklemme der Länder ein besonderes Hindernis für die Hochschulen dar, aus dem sich die Grenzen der Leistungsfähigkeit der Hochschulen im Forschungsbetrieb und im Wissenstransfer unmittelbar erklären lassen.

2. Großforschungseinrichtungen

   Es existieren 13 Großforschungseinrichtungen mit einem Personalbestand von nahezu 16.000 Mitarbeitern und einem Gesamtfinanzierungsvolumen von ca. 2,5 Mrd. DM jährlich. 90% dieses Betrages werden vom Bund, 10% von den Sitzländern finanziert. Insgesamt stehen ca. 700 Mio. DM für die Grundlagenforschung zur Verfügung.

   Also sind die Großforschungseinrichtungen neben den Hochschulen ein entscheidender Faktor für die Leistungsfähigkeit auf dem Gebiet der Grundlagenforschung. Gewichtige Probleme der Großforschungseinrichtungen sind u.a. die relativ geringe thematische Mobilität, die es ihnen nicht hinreichend gestattet, sich auf neue Themengebiete einzustellen und das hohe, bereits über 40 Jahre betragende Durchschnittsalter ihrer Mitarbeiter, für das unter anderem das weitgehende Fehlen von Zeitverträgen in den Großforschungseinrichtungen verantwortlich ist.

3. Deutsche Forschungsgemeinschaft (DFG)

Die Deutsche Forschungsgemeinschaft zählt als wissenschaftliche Selbstverwaltungsorganisation 49 wissenschaftliche Hochschulen, 13 außeruniversitäre Forschungseinrichtungen, 15 Akademien und 3 Wissenschaftsverbände zu ihren Mitgliedern. Sie wird zu 50% durch den Bund und zu 50% durch die Bundesländer finanziert. Bei der Finanzierung der Sonderforschungsbereiche beträgt der Anteil des Bundes 75%. 90% aller Mittel der DFG gehen an die Hochschulen, womit DFG und BMFT gemeinsam ca. 70% aller Hochschuldrittmittel bestreiten. Diese Drittmittel sind ein wesentlicher Garant für die Flexibilität der Forschung an den Hochschulen. Aber nicht nur in dieser qualitativen, sondern auch in quantitativer Hinsicht ist die Deutsche Forschungsgemeinschaft für die Grundlagenforschung ein wichtiger Faktor, denn ihre Ausgaben erreichten im Jahre 1986 980 Mio. DM, wovon ca. zwei Drittel für die allgemeine Förderung und ca. ein Drittel für die Sonderforschungsbereiche eingesetzt wurden.

Insgesamt ist dieses Förderinstrument ein leistungsfähiges System, das im wohlverstandenen Sinne wissenschaftlichen Wettbewerb durch Konkurrenz um Drittmittel herausfordert.

4. Max-Planck-Gesellschaft (MPG)

Die Max-Planck-Gesellschaft ist die Trägerorganisation für ca. 60 – über die gesamte Bundesrepublik verteilte – hochschulfreie Institute der Grundlagenforschung. Mit ca. 6 500 Mitarbeitern, davon knapp 2 000 Wissenschaftlern, ist sie ebenfalls eine tragende Säule unserer Grundlagenforschung. Ihre Ausgaben belaufen sich auf ca. 840 Mio. DM (1985), wovon 50% vom Bund und 50% von den Ländern finanziert werden.

Die MPG betreibt Grundlagenforschung in ausgewählten Bereichen der Natur-, Geistes- und Sozialwissenschaften, wobei ein deutlicher Schwerpunkt auf den Gebieten Physik, Chemie und biomedizinischer Forschung mit ca. 70% ihrer Ausgaben liegt. Ihre starke, auch internationale Einbindung (Beispiel Giotto/Halleyscher Komet) macht sie zu einem international anerkannten Partner der Grundlagenforschung.

5. Fraunhofer Gesellschaft (FhG)

Sie ist im Vergleich zu den erwähnten Hochschulen, der DFG, der MPG und den Großforschungseinrichtungen der kleinste Partner in der staatlichen Forschungslandschaft mit insgesamt 26 Vertragsforschungsinstituten, die sich zu 60% über eigene Erträge finanzieren. Die Gesamtausgaben betragen ca. 350 Mio. DM, wobei der Schwerpunkt der Institute der FhG mit ca. 50% auf dem Gebiet der Ingenieurwissenschaften liegt. Inhaltlich ist ihre Forschung eher anwendungsorientiert. Die Institute führen u.a. Auftragsforschung für die Wirtschaft, Projekte für staatliche Stellen, F+E-Vorhaben für mittelständische Unternehmen etc. durch. Insgesamt ist die Fraunhofer Gesellschaft eine flexible, nachfrageorientierte Einrichtung, deren Leistungen anerkannt werden.

Neben den erwähnten Einrichtungen sind noch zahlreiche andere Institute mit Grundlagenforschung befaßt, auf die in diesem Zusammenhang nicht eingegangen werden kann. Auch die Unternehmen führen Grundlagenforschung durch, allerdings beträgt der Anteil der Grundlagenforschung an den F+E-Aufwendungen der Wirtschaft weniger als 10%.

Insgesamt ist festzuhalten, daß die Grundlagenforschung in unserer Forschung einen angemessenen wichtigen Platz einnimmt. Die öffentlichen Ausgaben für die Grundlagenforschung sind im internationalen Vergleich als hoch einzuschätzen. Teilweise bestehen Probleme der personellen Erneuerung und der thematischen Flexibilität; sie schränken die Leistungskraft unserer Grundlagenforschung ein.

2. Ziel- und anwendungsorientierte Forschung und Entwicklung

Der Schwerpunkt der anwendungsorientierten Forschung und Entwicklung (F+E) liegt in der Wirtschaft. Sie finanziert ca. 60% des nationalen F+E-Budgets und führt sogar 70% aller F+E-Maßnahmen durch. Die Tendenz ist weiter steigend! Dabei tritt die Industrie aber auch als Nachfrager, in begrenztem Maße als Produzent und als Kooperationspartner der Grundlagenforschung auf.

Diese hohen F+E-Leistungen werden trotz hoher Steuerbelastung der Unternehmen (70,8%) und unserer Position − im internationalen Vergleich − als Schlußlicht bei der Eigenkapitalausstattung (unter 20%) erbracht. Dabei spielt die staatliche Forschungsförderung angesichts der großen und steigenden Eigenanstrengungen der Industrie eher eine untergeordnete Rolle. Allerdings wird auch zukünftig auf staatliche Forschungsförderung nicht verzichtet werden können. Insbesondere die sogenannten externen Effekte, die bei der Forschung auftreten und die zu einer mangelnden exklusiven Aneignungsfähigkeit der F+E-Ergebnisse führen, rechtfertigen die staatliche Unterstützung von Forschung und Entwicklung. Darüber hinaus ist in Fällen besonders hoher Risiken wie z.B. in der Weltraumforschung oder der Kernenergie auf staatliche Unterstützung bei der Forschung nicht zu verzichten.

Obwohl sich Forschungsergebnisse (im Gegensatz zu den Forschungsaufwendungen) nur sehr schwer messen lassen, können wir doch davon ausgehen, daß die anwendungsorientierte Forschung und Entwicklung insgesamt erfolgreich ist. Schwachstellen sind vorhanden, aber festzustellen ist, daß die bundesdeutsche Wirtschaft auf den Weltmärkten eine starke Position hat, was nicht zuletzt durch den hohen Ausfuhrüberschuß im Jahre 1986 (110 Mrd. DM) dokumentiert wird. Produktqualität, Sicherheit fristgerechter Lieferungen und verläßlicher Kundendienst sind die entscheidenden Gründe für die Anerkennung deutscher Produkte im Ausland. Insgesamt ist unsere Produktskala marktgerecht ausgewogen und weist besondere Stärken im Bereich einzelner Spitzentechnologien auf: Meß-, Steuer- und Regelungstechnik, optische Instrumente, pharmazeutische Produkte, Kernreaktoren sind hierfür einige Beispiele. Aber auch bei gehobenen Gebrauchsgütern wie z.B. Automobilen, Maschinenbau, Feinmechanik erzielt die deutsche Industrie sehr gute Ergebnisse.[1]

Insgesamt kann also festgehalten werden, daß trotz einiger Schwächen unsere Industrie auf den Weltmärkten gut operiert, was sicherlich auch eine Folge hoher technisch-wissenschaftlicher Leistungskraft ist. Aber es besteht kein Grund zur Selbstzufriedenheit, denn Forschung und Innovation sind gleichermaßen Prozesse des ständigen Überholens und Überholtwerdens. Darum ist eine dauerhafte Anstrengung für Forschung und Entwicklung notwendig.

3. Effiziente Nutzung der Forschungsergebnisse

Um in diesem Prozeß des ständigen Überholens und Überholtwerdens bestehen zu können, müssen verstärkte Anstrengungen bei der Verzahnung von Grundlagenforschung und ziel- und anwendungsorientierter F+E unternommen werden. Knappe Ressourcen müssen mit dem Ziel einer gesamtwirtschaftlichen Optimierung möglichst gut genutzt werden. Hauptproblem hierbei ist das sogenannte Innovationsdilemma. Einerseits haben wir es mit immer kürzeren Marktzyklen und andererseits mit immer höheren F+E-Aufwendungen zu tun, die zur Entwicklung markt- und serienreifer Produkte notwendig sind. Und auch die Kosten der Grundlagenforschung nehmen ständig zu. Die Folge ist, daß die Zeitspanne zwischen Forschung und industrieller Anwendung von Produkten und Verfahren immer kürzer wird. Angesichts dieser Problematik und der oben beschriebenen stark dezentralen Organisation der deutschen Forschungslandschaft ist es notwendig, Koordination und Kommunikation als eine permanente Herausforderung an Grundlagenforschung, angewandte Forschung und Entwicklung anzusehen. Dabei ist vorrangig an vier Ebenen anzusetzen, die

— die Hochschulen,
— die Großforschungseinrichtungen,
— verstärkte Unternehmenskooperationen,
— die Informationsnutzung durch Datenbanken

betreffen.

a) Kooperation Universität/Wirtschaft

Wissenschaft und Wirtschaft stehen in einem wechselseitigen Abhängigkeitsverhältnis. Die Wirtschaft erarbeitet die Mittel, die u.a. zur Finanzierung der

---

[1] Vgl. Bundesverband der Deutschen Industrie (Hrsg.): Industrieforschung – Schlüsseltechnologien, Köln 1986.

Grundlagenforschung notwendig sind. Die Ergebnisse der Wirtschaft sind sozusagen mitbestimmend für die Spielräume, die die Grundlagenforschung besitzt. Dieses gesamtwirtschaftlich begründete Abhängigkeitsverhältnis ist durchaus normal, und beide Seiten sollten aus der Leistung der anderen ihre Vorteile ziehen. Dabei ist die Grundlagenforschung der Hochschulen und anderen öffentlichen Forschungseinrichtungen durchaus nicht als verlängerte Werkbank der Industrie anzusehen, aber die Ergebnisse sollten genutzt und der Partnerschaftsgedanke von Hochschule und Wirtschaft weiter entwickelt werden. Dabei hat sich in den letzten Jahren bereits vieles getan. Die Kontakte sind enger geworden, der Austausch zwischen Hochschule und Wirtschaft hat zugenommen. Aber die Kooperationsbeziehungen sind noch stark unterschiedlich ausgeprägt. Erfreulich ist, daß einige große Unternehmen zum gegenseitigen Nutzen in die Zusammenarbeit mit Universitäten stark investieren. Erfreulich ist auch, daß beispielsweise in den Branchen Chemie und Maschinenbau die Kooperation mit den Hochschulen traditionell gut funktioniert. Insbesondere betrifft dies die Zusammenarbeit mit technischen Hochschulen. Andererseits ist erstaunlich, daß — so eine Untersuchung des Ifo-Instituts[2] — nur ca. 30% der Forschung und Entwicklung durchführenden Unternehmen auf Angebote externer F+E-Institute zurückgreifen. Und von diesen Unternehmen nutzen nur ca. 50% das Know-how von Universitäten. Ein besonderes Problem ist hierbei die Zusammenarbeit von Hochschulen und mittelständischen Unternehmen.

Insgesamt scheint noch mehr Ideenreichtum notwendig, um den Kontakt zwischen Hochschule und Wirtschaft zu beflügeln.

Ein Beispiel für fruchtbaren und engen Kontakt zwischen Hochschule und Wirtschaft ist das vom Massachusetts Institute of Technology (MIT) praktizierte „Industrial Liaison Program", das seit 1948 existiert. Unternehmen können gegen Mitgliedsbeiträge Teilnehmer an spezifischen Informationsprogrammen des MIT werden. Neben den hierdurch erzielten Einnahmen profitiert das MIT von diesem Programm unter anderem auch durch bessere Kenntnis der industriellen Bedürfnisse und unternehmerischen Problemfelder.

Eine interessante Kooperationsform ist ebenfalls das vor einigen Jahren bei uns mit großer Aufmerksamkeit verfolgte Engagement der Firma Hoechst beim Massachusetts General Hospital. Hoechst hat sich hierdurch den Zugang zur Grundlagenforschung dieses Institutes im Bereich der Gentechnologie gesichert. Die Kooperation ist auf zehn Jahre begrenzt, und man wird nach diesem Zeitablauf beurteilen müssen, inwieweit diese Kooperation für das Unternehmen ein Erfolg war. Aber das Modell ist auf jeden Fall interessant und könnte Modellcharakter für vergleichbare Formen der Zusammenarbeit auch bei uns haben.

---

[2] Vgl. Schmalholz, H./L. Scholz: Innovationsdynamik der deutschen Industrie in den achtziger Jahren, in: ifo-Schnelldienst 1–2/1987, S. 20–28.

Insgesamt ist festzustellen, daß mehr Kreativität zur Belebung neuer Kooperationsformen genauso wichtig ist wie der Abbau beamten-, sozial- und arbeitsrechtlicher Barrieren. Auch die Länder sollten prüfen, inwieweit die durch die Novelle des Hochschulrahmengesetzes eröffneten Möglichkeiten zu mehr Flexibilität durch ihre Landeshochschulgesetze bereits genutzt sind. Industrie und Hochschulen sollten stärker aufeinander zugehen, verstärkt auch Lehraufträge aussprechen und annehmen, was sicherlich auch durch eine etwas großzügigere Praxis bei der Verleihung von Honorarprofessuren unterstützt werden könnte.

b) Kooperation Großforschung/Wirtschaft

Es wurde bereits darauf hingewiesen, daß die Großforschungseinrichtungen eine wichtige Säule in der staatlichen Forschungslandschaft darstellen. Es gibt zwischen Großforschung und Industrie viele erfolgreiche Kooperationen, und die inzwischen an allen Großforschungseinrichtungen eingerichteten Technologietransferstellen bemühen sich redlich, den Kontakt zwischen Grundlagenforschung und industrieller Praxis zu verstärken.

Aber bedenklich stimmt, daß dieser Kontakt nach wie vor nur unzureichend funktioniert. Die bereits oben genannte Studie des Ifo-Instituts legt dar, daß nur ca. 2% der Unternehmen, die externen F+E-Sachverstand nutzen, diese Informationen von Großforschungseinrichtungen beziehen. Auch die geringe personelle Mobilität zwischen Großforschung und Industrie ist ein Beleg für den geringen Kontakt beider Bereiche. Von den insgesamt über 5 000 in Großforschungseinrichtungen beschäftigten Wissenschaftlern haben beispielsweise im Jahre 1985 nur 120 den Weg zur Industrie gefunden.

So ist festzustellen, daß in dem Bemühen, das Leistungsspektrum der Großforschungseinrichtungen für die Praxis transparent zu machen, nicht nachgelassen werden sollte. Darüber hinaus sollte — wie auch an den Hochschulen — das Instrument der Zeitverträge für wissenschaftliche Mitarbeiter verstärkt eingesetzt werden, um durch mehr personelle Mobilität die thematische Mobilität der Zentren zu ermöglichen.

c) F+E-Unternehmenskooperationen

Angesichts ständig steigenden Ressourcenbedarfs zur Entwicklung serienreifer Produkte ist es ebenfalls notwendig, durch verstärkte, auch grenzüberschreitende Zusammenarbeit kritische Massen zu erzeugen und F+E-Zusammenarbeit zu ermöglichen. Es kommt auch darauf an, F+E-Ergebnisse und Unternehmen mit unterschiedlicher Marktnähe zusammenzuführen. Dabei muß — entsprechend unserer Wirtschaftsordnung — die Entscheidung über eine mögliche Kooperation natürlich beim Unternehmen verbleiben. Aber es muß über Hilfestellungen nachgedacht werden, Kooperationen zu ermöglichen oder auch zu stimulieren, wo immer dies den Unternehmen aufgrund ihrer Wettbewerbssituation als sinnvoll erscheint.

Im internationalen Bereich ist EUREKA als ein gelungenes dezentral organisiertes Modell anzusehen, Firmenkooperationen zu ermöglichen. Gerade im High-tech-Bereich werden die Märkte zur Amortisation des eingesetzten Kapitals sehr eng. Hier können sich durch die arbeitsteilige Kooperation interessierter Unternehmen neue Perspektiven ergeben. EUREKA zeigt, daß dies nicht in jedem Fall mit Hilfe staatlicher Forschungsgelder geschehen muß.

Im nationalen Bereich sind die Nutzung von Verbundforschungsvorhaben und die Aktivitäten der industriellen Gemeinschaftsforschung gute Beweise dafür, daß Interesse an Forschungskooperationen besteht und gute Ergebnisse mit ihnen erzielt werden können.

d) Informationstransfer durch Datenbanken

Wir wissen, daß sich das verfügbare Wissen alle fünf bis sechs Jahre verdoppelt. Die Informationsvielfalt („Mangel im Überfluß") kann kaum noch in den Griff bekommen werden. Der Einsatz elektronischer Medien, von Datenbanken, neuer Speichermöglichkeiten, Datenfernübertragung etc. ist notwendig, um diese Informationsflut zu bewältigen und verfügbar zu halten.

Dabei ist darauf hinzuweisen, daß derzeit ca. drei Viertel aller Datenbankbetreiber ihren Sitz in den USA haben, lediglich 21% in Europa. 95% des Umsatzes, der weltweit durch Vermarktung der in wissenschaftlichen Datenbanken gespeicherten Informationen erzielt wird, entfällt auf US-amerikanische Anbieter. Das Problem der Informationsabhängigkeit wird anhand dieser Zahlen unmittelbar evident. Wir müssen uns daher stärker als bisher zu einem Anbieter unserer Forschungsergebnisse und damit zu einem attraktiven Tauschpartner auch elektronisch abgespeicherter Informationen machen, um auf diese Weise unsere Abhängigkeit als Informationsnachfrager abzuschwächen.

Ein Problem ganz anderer Art ist die bislang nur geringe Nutzung elektronisch gespeicherter Informationen in Deutschland. Vor allem mittlere und kleine Unternehmen haben Schwierigkeiten, mit diesen Medien umzugehen. Nur 5% ihres Informationsbedarfs decken mittelständische Unternehmen – so eine Untersuchung des Instituts der deutschen Wirtschaft[3] – mit Hilfe von Datenbanken. Der Grund hierfür ist wesentlich darin zu sehen, daß die Möglichkeiten der Nutzung dieser Informationsmedien noch zu wenig bekannt sind. Dies liegt unter anderem auch an einer unzureichenden Ausbildung der Mitarbeiter, die im Umgang mit Datenbanken nicht geübt sind.

---

[3] Vgl. Pieper, A.: Produktivkraft Information, Köln 1986.

e) Fazit

Festzuhalten ist abschließend:

1. Wir haben eine gut funktionierende dezentrale Struktur der Grundlagenforschung, die sich bewährt hat und zu deren grundlegender Umgestaltung kein Grund besteht. Sie schafft die notwendigen Freiräume für Spitzenleistungen und die Voraussetzungen für einen funktionierenden wissenschaftlichen Wettbewerb.
2. Notwendig ist jedoch auf allen Ebenen mehr Kreativität, mehr Kooperation und mehr Flexibilität. Öffentliche Forschungseinrichtungen können nicht nach gleichen Maßstäben wie Ministerien oder deren Behörden behandelt werden. Hier ist vor allem für Bundes- und Länderregierungen noch ein weites Feld der „Deregulierung".
3. Die Berührungsängste zwischen den beteiligten Bereichen müssen weiter abgebaut werden. Vieles hat sich bereits verbessert, aber persönliche Kontakte müssen weiter gefördert werden, um die Durchlässigkeit zwischen Grundlagenforschung und anwendungsorientierter Forschung und Entwicklung zu erhöhen. Die Vorteile des verstärkten Zusammenwirkens müssen für alle Beteiligten deutlich gemacht werden. Dies ist auch eine „Marketingaufgabe" der Wissenschaft.
4. Die Politik ist aufgerufen, Korrekturen konsequent zu verwirklichen, in Einzelfällen auch neue organisatorische Strukturen – bei Beibehaltung der bewährten Organisationsprinzipien – zu erwägen. Dabei sollte man nicht nur „im System denken", sondern auch neue Wege erörtern. Neue Aufgaben und Zuordnungen zur Max-Planck-Gesellschaft, Großforschungseinrichtungen etc. sollten nicht tabuisiert werden. Technologieorientierte Großforschungseinrichtungen könnten stärker als technologieorientierte Konzerne nach Vorbild vergleichbarer amerikanischer Forschungslabors geführt werden. Zumindest sollte die Erörterung dieser Überlegungen nicht ausgeklammert bleiben.
5. Interdisziplinäre Zusammenarbeit sollte stärker gefördert werden. Oftmals ergeben sich entscheidende Forschungsfortschritte erst durch das Zusammenführen unterschiedlicher Blickwinkel aus verschiedenen Disziplinen.
6. Noch nie waren die Chancen so groß wie jetzt, unser Wohlstand so gesichert, die Zahl der Akademiker so hoch, das Bewußtsein für die bestehenden Probleme so ausgeprägt. Da muß es doch gelingen, die Kooperation zwischen Grundlagen- und anwendungsorientierter Forschung weiter zu verbessern, unsere Innovationskraft zu stärken und unsere Rolle im internationalen Konzert abzusichern.

Klaus-Eberhard Murawski

MÖGLICHKEITEN UND GRENZEN EINER WISSENSCHAFTLICH-TECHNISCHEN ZUSAMMENARBEIT MIT DER DDR AUS DER SICHT DER BUNDESREGIERUNG

Vor vier Jahren, fast auf den Tag genau, hatte ich die Ehre, hier im Reichstagsgebäude vor der Gesellschaft für Deutschlandforschung über den Stand der kulturellen Beziehungen im geteilten Deutschland mit einem Schwerpunkt bei unseren Vorbereitungen und Zielvorstellungen für das Kulturabkommen mit der DDR zu referieren. Damals erwarteten wir die Wiederaufnahme der im Oktober 1975 zum Stillstand gekommenen Kulturverhandlungen, die dann im Herbst 1983 in Gang kamen und in relativ kurzer Zeit in konstruktivem und zügigem Dialog abgeschlossen wurden. Am 6. Mai 1986 ist das Abkommen zwischen der Regierung der Bundesrepublik Deutschland und der Regierung der Deutschen Demokratischen Republik über kulturelle Zusammenarbeit – kurz: das Kulturabkommen – unterzeichnet worden; es ist unverzüglich in Kraft getreten.

Wenn ich soeben von „relativ kurzen" Verhandlungen sprach, setze ich diese Feststellung in eine Beziehung zu den ebenfalls nach dem Inkrafttreten des Grundlagenvertrages begonnenen Verhandlungen mit der DDR über die Zusammenarbeit auf den Gebieten der Wissenschaft und Forschung. Die Abkommenspartner des Grundlagenvertrages vom 21. Dezember 1972 hatten in Artikel 7 dieses Vertrages ihre Bereitschaft erklärt, im Zuge der Normalisierung ihrer Beziehungen praktische und humanitäre Fragen zu regeln. In diesem Artikel 7 ist der Abschluß von Regierungsabkommen angekündigt, um auf der Grundlage des Grundlagenvertrages und zum beiderseitigen Vorteil die Zusammenarbeit auf den Gebieten der Wirtschaft, der Wissenschaft und Technik, des Verkehrs, des Rechtsverkehrs, des Post- und Fernmeldewesens, der Kultur, des Sports, des Umweltschutzes und auf anderen Gebieten zu entwickeln und zu fördern. Die Einzelheiten sind in dem Zusatzprotokoll II zu Artikel 7 des Grundlagenvertrages geregelt.

Wir sprechen hier von „Folgeverhandlungen" und von „Folgeverträgen". Auf den engen und verbindlichen Bezug zum Grundlagenvertrag legt unsere Seite größten Wert. Die DDR-Seite hätte lieber neue und eigenständige Verhandlungen und Abkommen, um auf diesem Wege auch „Prinzipien" und Vorstellungen vertraglich einzuführen, die im Grundlagenvertrag nicht anzutreffen sind — wie z.B. Formulierungen, die den deutsch-deutschen Sonderbeziehungen einen internationalen Charakter geben, oder den Begriff der „Nichteinmischung in die inneren Angelegenheiten", den es im Grundlagenvertrag nicht gibt, jedoch in der KSZE-Schlußakte von Helsinki vom 31. Juli 1975. Der von unserer Seite angestrebte enge Bezug der „Folgeabkommen" zum Grundlagenvertrag kommt z.B. im Kulturabkommen in der Präambel mit der Formulierung „auf der Grundlage des Vertrages über die Grundlagen der Beziehungen ..." zum Vorschein. Das ist gewiß keine sprachliche Meisterleistung, gibt aber besser als irgendeine andere Formulierung, etwa „gemäß" oder „in Ausführung", das Verhältnis zwischen Grundlagenvertrag und „Folgeabkommen" wieder.

Eine Reihe von solchen Folgeverträgen sind längst in Kraft: das Gesundheitsabkommen vom 25. April 1974; das Abkommen auf dem Gebiet des Post- und Fernmeldewesens vom 25. April 1975; das Abkommen auf dem Gebiet des Veterinärwesens vom 21. Dezember 1979; das erwähnte Kulturabkommen vom 6. Mai 1986 und eine Reihe von weiteren Vereinbarungen auf der Grundlage des Artikels 7 im Grundlagenvertrag und des Zusatzprotokolls II: z.B. zur Regelung von Unterhaltszahlungen, zum Transfer von Guthaben, zur Regelung des Fischfangs in der Lübecker Bucht usw.

Andere im Grundlagenvertrag vereinbarte Folgeverhandlungen „hängen noch durch" (wenn man es etwas salopp so sagen darf). Dies gilt auch für die in Ziffer 4 des Zusatzprotokolls II festgelegte Bereitschaft der Abkommenspartner, im Interesse der Rechtsuchenden den Rechtsverkehr, insbesondere in den Bereichen des Zivil- und Strafrechts, vertraglich so einfach und zweckmäßig wie möglich zu regeln. Bei diesen Verhandlungen, die im August 1973, also vor 14 1/2 Jahren, begonnen haben und seitdem in regelmäßigen Abständen fortgesetzt werden, ist für das zentrale Problem der konträren Auffassungen in der Frage der Staatsangehörigkeit gewissermaßen die „Quadratur des Kreises" zu finden. Ein Abschluß ist nicht in Sicht.

Auch für die in Ziffer 9 des Zusatzprotokolls II vorgesehenen Vereinbarungen auf dem Gebiet des Umweltschutzes, die „zur Abwendung von Schäden und Gefahren für die jeweils andere Seite" beitragen sollen, blieben nach einer Eröffnungsrunde stecken: Die DDR-Seite nahm an der Errichtung des Umweltbundesamtes in Berlin Anstoß. Anfang der achtziger Jahre jedoch begannen Einzelverhandlungen im Bereich des Umweltschutzes, die zu Ergebnissen führten. Im Rahmen der Verhandlungen der Grenzkommission ist ein Einvernehmen über die Sanierung der Röden, eines aus Thüringen in den Freistaat Bayern einfließenden Flusses, erzielt worden (1983). Es wurden Expertengespräche über Rauchgasentschwefelung geführt, über die Entsalzung der Werra u.a. Die DDR ist seit 1985 auch bereit, eine Vereinbarung über Informations- und Erfahrungsaustausch auf allen wichtigen Gebieten des Umweltschutzes abzuschließen. Allerdings ist die umfassende Umwelt-Rahmenvereinbarung mit der Festlegung bestimmter Maßnahmen auch weiterhin nicht in Sicht. Die DDR lehnt die Zusammenarbeit mit dem in Berlin (West) ansässigen Umweltbundesamt als Institution kategorisch ab. Eine personenbezogene Zusammenarbeit ist nicht ausgeschlossen.

Damit ist das Stichwort „Berlin" gefallen, das im Zusammenhang mit unserer Fragestellung nach den Möglichkeiten und Grenzen einer wissenschaftlich-technischen Zusammenarbeit mit der DDR im Verlauf der weiteren Ausführungen noch eine erhebliche Rolle spielt.

Auch die Verhandlungen über das bereits erwähnte Abkommen mit der DDR über Zusammenarbeit auf den Gebieten der Wissenschaft und Technik stehen unter dem Zeichen der Berlin-Problematik. Diese Verhandlungen hatten Ende 1973 begonnen. Bis Ende der siebziger Jahre hatten sich beide Seiten im großen und ganzen über den Text des Abkommens verständigt. Es handelt sich um ein Rahmenabkommen, das durch Einzelvereinbarungen zwischen den von den beiden Regierungen zu benennenden Stellen auszufüllen ist. Hierzu wird eine gemeinsame Kommission errichtet. Wichtig ist es, daß sich dieses Abkommen auf alle Gebiete der Natur- und Ingenieurwissenschaften sowie der Geistes- und Sozialwissenschaften erstreckt, bei letzteren bezieht sich die Zusammenarbeit insbesondere auf Gebiete und Fragen, die die Verbindung mit den Natur- und Ingenieurwissenschaften betreffen.

Von offizieller Seite ist in den letzten Jahren wiederholt erklärt worden, daß es bei den Verhandlungen über dieses Abkommen ein Einvernehmen über den Vertragstext gibt, daß aber „wichtige politische Fragen" noch offen sind. Dies ist auch die Situation nach der 33. Verhandlungsrunde, die im Oktober 1986 stattgefunden hat. In der Öffentlichkeit ist auch bekannt, was sich hinter der Formulierung „wichtige politische Fragen" verbirgt: die Regelung der praktisch-faktischen Einbeziehung Berlins in die nach dem Abkommen vorgesehene Zusammenarbeit.

Bei den Wissenschaftsverhandlungen mit der DDR gibt es einen unverkennbaren Zusammenhang mit den seit vielen Jahren parallel verlaufenden Verhandlungen zwischen der Bundesrepublik Deutschland und der UdSSR über ein Regierungsabkommen auf den Gebieten der Wissenschaft und Technik. Auch diese Verhandlungen hingen wegen eines fehlenden Einvernehmens über die Einbeziehung Berlins durch. Unsere Seite kann sich nicht mit der sogenannten „Frank-Falin"-Formel begnügen, sie muß auch die Gewähr für die faktische Einbeziehung Berlins erhalten. Hier hat es bei der Durchführung des im Mai 1973 anläßlich des Besuchs des sowjetischen Parteichefs Breschnew in Bonn unterzeichneten Kulturabkommens zwischen der Bundesrepublik Deutschland und der UdSSR gehapert, ja gemangelt. Dieses Abkommen weist zwar die formelle Einbeziehung Berlins in Form eines zwischen dem damaligen Staatssekretär im Auswärtigen Amt, Paul Frank, und dem sowjetischen Botschafter in Bonn, Valentin H. Falin, vereinbarten Textes auf. Er lautet: „Entsprechend dem Viermächte-Abkommen vom 3. September 1971 wird dieses Abkommen in Übereinstimmung mit den festgelegten Verfahren auf Berlin (West) ausgedehnt." Diese Frank-Falin-Formel ist fortan in allen Regierungsvereinbarungen mit den Ländern des Warschauer Paktes anzutreffen. Die Vereinbarung des Textes macht keine Mühe — auf DDR-Seite heißt es allerdings regelmäßig „Vierseitiges Abkommen" anstelle von „Viermächte-Abkommen". In der Praxis der Ausfüllung und Durchführung des deutsch-sowjetischen Kulturabkommens gab es jedoch schon bald Auslegungsdifferenzen hinsichtlich der Einbeziehung Berlins. Die im Kulturabkommen mit der UdSSR vorgesehenen Arbeitspläne kamen nicht zustande.

Die Unterzeichnung des deutsch-sowjetischen Wissenschaftsabkommens durch Bundesaußenminister Genscher und den sowjetischen Außenminister Schewardnadse am 22. Juli 1986 hat in die Stagnation der Beziehungen Bewegung gebracht. Die Unterzeichnung des Abkommens war mit der Paraphierung sogenannter „Ressortabkommen" auf den Gebieten der friedlichen Nutzung von Kernforschung, des Gesundheitswesens und der Agrarforschung verbunden. In zwei dieser Ressortabkommen gibt es Programmabsprachen mit der Beteiligung von in Berlin ansässigen Wissenschaftlern aus Bundeseinrichtungen; die Leitung von Bundeseinrichtungen ist nicht beteiligt, ihre Mitarbeiter werden bei Austausch und Zusammenarbeit über eigens einzurichtende Postschließfächer erreicht.

Auf offizieller Seite geht man davon aus, daß diese Moskauer Lösung „ad personam" einen Modellcharakter für die noch ausstehenden Vereinbarungen mit der DDR haben können. Dies gilt insbesondere auch für das Abkommen zur Entwicklung der Zusammenarbeit auf den Gebieten der Wissenschaft und Technik. Hier soll die am 22. Juli 1986 getroffene deutsch-sowjetische Lösung dahin modifiziert werden, daß die Abkommenspartner anstelle von „Ressortabkommen" eine Reihe von Projekten unter Einbeziehung des Berliner Potentials vereinbaren. Hierzu gibt es Vorschläge von unserer Seite, die sich im Stadium der Abstimmung mit der DDR befinden. Die Hoffnung, daß die seit 1973 laufenden Verhandlungen in diesem Jahr abgeschlossen werden, ist mithin nicht unbegründet. Ähnlich verhält es sich mit der Umweltschutzvereinbarung, die in Arbeitsplänen konkrete Gebiete und Projekte für den Informations- und Erfahrungsaustausch benennt.

Die Einbeziehung Berlins hat für uns einen hohen politischen Stellenwert, der — wie die ausführliche Schilderung der Verhandlungslage zeigt — durchweg den Charakter eines Entweder—Oder hat: entweder mit Berlin oder überhaupt nicht. Abgesehen von dieser politischen Grundsätzlichkeit geht es uns um die Nutzbarmachung des in Berlin (West) ansässigen wissenschaftlichen Potentials. Dies ist übrigens ein Aspekt, der auch für die andere Seite relevant ist oder relevant sein müßte: Geht es doch um Austausch und Zusammenarbeit zum beiderseitigen Nutzen.

Es ist interessant, die wichtigsten wissenschaftlichen Einrichtungen in Berlin (West) aufzuzählen und dabei die unterschiedliche Behandlungsweise durch die DDR und die sonstigen „Sozialistischen Länder" zu zeigen.

Dabei wird mit Bundeseinrichtungen und nach Bundesrecht organisierten oder aus dem Bundeshaushalt geförderten Einrichtungen begonnen:

In Berlin sind Institutionen ansässig, die zur Kategorie der Bundesforschungsanstalten gehören oder als nachgeordnete Ressortbehörden ganz oder teilweise Forschungsaufgaben wahrnehmen:

das Archäologische Institut (AA);

die Außenstelle Berlin des Instituts für angewandte Geodäsie (BMI);

das Umweltbundesamt (BKU);

das Institut Berlin der Physikalisch-Technischen Bundesanstalt (BMWi);

die Bundesanstalt für Materialprüfung (BMWi);

das Bundesgesundheitsamt (BMJFFG) und

das Bundesinstitut für Berufsbildung (BMBW).

Die DDR-Seite lehnt gleichermaßen wie die Sowjetunion und die anderen WP-Staaten die Zusammenarbeit mit der Begründung ab, daß sich diese Bundeseinrichtungen „widerrechtlich", d.h. aus östlicher Sicht im Widerspruch zum Viermächte-Abkommen vom 3. September 1971, in Berlin befinden. In diesem Bereich ist in absehbarer Zeit keine Verbesserung über die personenbezogene Zusammenarbeit nach dem geschilderten Muster der Vereinbarungen zwischen der Bundesrepublik Deutschland und der UdSSR vom 22. Juli 1986 hinaus, also ohne Beteiligung der Leitungsebene (Chefs und Stellvertreter) und mit der Praxis des Verkehrs über eigens für die Berliner Teilnehmer eingerichtete Postschließfächer, zu erwarten.

Als Bundesinstitution oder richtiger als nach Bundesrecht organisierte Einrichtung, die auch Forschungsaufgaben wahrnimmt, ist die Stiftung Preußischer Kulturbesitz zu nennen (mit den Staatlichen Museen, der Staatsbibliothek, dem Geheimen Staatsarchiv, dem Ibero-Amerikanischen Institut, dem Staatlichen Institut für Musikforschung und dem Rathgen-Forschungslabor, das sich auf dem Gebiet der Restauration von Kunstwerken betätigt). Es ist bekannt, daß die Stiftung Preußischer Kulturbesitz wegen der konträren Rechtsauffassungen über die Altbestände aus der Zeit vor 1945 eine diskriminierende Sonderbehandlung erfährt. In gewissem Umfang gibt es aber auch hier eine personenbezogene Zusammenarbeit. Die Aussichten auf direkte Beziehungen zu DDR-Institutionen sind gering. Den im allgemeinen funktionierenden, jedoch nicht sonderlich großen Leihverkehr, der über die Staatsbibliothek Preußischer Kulturbesitz abgewickelt wird, lasse ich außer Betracht.

In die Bundeszuständigkeit oder Förderungszuständigkeit des Bundes gehören auch in Berlin ansässige außeruniversitäre Großforschungseinrichtungen:

das Hahn-Meitner-Institut für Kernforschung, das zu 90 v.H. vom Bund und zu 10 v.H. vom Land Berlin finanziert wird; es hat ein breites Spektrum von Grundlagenforschung mit Großgerät bis zur anwendungsorientierten Forschung im Vorfeld industrieller Entwicklung;

das Heinrich-Hertz-Institut für Nachrichtentechnik, das zur Hälfte durch den Bund, zur anderen Hälfte durch das Land Berlin finanziert wird. Es hat — wie auch das Hahn-Meitner-Institut — die Rechtsform einer GmbH mit den Gesellschaftern Bundesrepublik Deutschland und Land Berlin.

Ferner ist das Wissenschaftszentrum Berlin, auch eine GmbH mit 75 v.H. Bundesförderung, zu nennen; es ist zwar überwiegend auf Wirtschafts- und Gesellschaftsforschung angelegt, aber auch mit Forschungsschwerpunkten aus dem Bereich der Umweltpolitik befaßt.

Es liegt auf der Hand, daß aus der Interessenlage der DDR das Hahn-Meitner-Institut und das Heinrich-Hertz-Institut für die DDR-Seite in hohem Maße, auch bei der Vermittlung von technischem Know-how, interessant sind, interessant sein müßten. Aber auch hier schlagen die speziellen Berlin-Vorbehalte und Berlin-Aversionen der DDR durch.

Dies gilt auch — wenn auch nicht so direkt — für die drei in Berlin ansässigen Institute der Max-Planck-Gesellschaft:

das Fritz-Huber-Institut (das im Bereich der Chemie tätig ist),

das Max-Planck-Institut für Molekulare Genetik und

das Max-Planck-Institut für Bildungsforschung.

Die Max-Planck-Gesellschaft ist als unabhängige Forschungsförderungsorganisation natürlich keine Bundeseinrichtung, sie wird aufgrund einer Rahmenvereinbarung nach Artikel 91b des Grundgesetzes als Trägerorganisation von zur Zeit 57 Einrichtungen gemeinsam von Bund und Ländern im Verhältnis von 50 zu 50 v.H. finanziert.

Soweit die „Bundespräsenz" im Forschungsbereich in Berlin.

An Einrichtungen nach Landesrecht gibt es in Berlin zwei Universitäten, sieben Hochschulen und Fachhochschulen mit etwa 23 000 Arbeitsplätzen, davon ca. 7 700 für wissenschaftliches Personal. Der Umgang mit Einrichtungen nach Landesrecht ist für die DDR-Seite dann unproblematischer, wenn sie ihre Vorstellungen vom politischen „Sonderstatus Westberlin" ins Spiel bringen kann, verbunden mit der Differenzierung zwischen der Bundesrepublik Deutschland und Berlin (West). Im DDR-Sprachgebrauch heißt es fast ausschließlich „BRD" und „Westberlin". Solche Versuche sind regelmäßig bei wissenschaftlichen Kongressen im kommunistischen Einflußbereich anzutreffen, wenn dort auch Wissenschaftler aus Berlin (West) teilnehmen.

Die Institutionen nach Berliner Landesrecht oder in privater Trägerschaft sollen hier nur ganz allgemein erwähnt werden. Sie gehören selbstverständlich auch zu dem Potential Berlins, das nach unseren Vorstellungen nicht von der Zusammenarbeit auf den Gebieten der Wissenschaft und Technik ausgegrenzt oder hier separiert werden darf. Dieses Potential soll durch einige Zahlenangaben vorgeführt werden:

Die Wohnbevölkerung von Berlin (West) macht etwa 3,1 v.H. der Gesamtbevölkerung der Bundesrepublik Deutschland aus. Am bundesdeutschen Bruttoinlandsprodukt ist Berlin mit ca. 3,6 v.H., also etwas überdurchschnittlich, beteiligt. Dagegen liegt der Anteil Berlins an den gesamten Wissenschafts- und Forschungs- und Entwicklungsausgaben mit 10 v.H. weit über dem Anteil an der Bevölkerung und dem Bruttoinlandsprodukt der Bundesrepublik Deutschland. Das heißt also: In Berlin sind in besonderem und konzentriertem Maße Wissenschaft und Technik ansässig. Beim wissenschaftlichen Personal hat Berlin sogar einen Anteil von über 11 v.H.[1]

Soviel zur Wichtigkeit der Einbeziehung Berlins in die Zusammenarbeit auf dem Gebiet der Wissenschaft und Technik. Es kam bei dieser vielleicht etwas zu breit empfundenen Behandlung der Berlin-Frage darauf an, im Sinne des Themas die Faktoren „Möglichkeiten" und „Grenzen" sichtbar werden zu lassen.

Es ist sicher aufgefallen, daß hier durchgehend von „Wissenschaft und Technik" die Rede ist. Der adjektivische Begriff „wissenschaftlich-technisch" ist aufgelöst worden, indem die beiden Hauptwörter „Wissenschaft" und „Technik" mit einem „und" versehen wurden. Das hat nicht nur seinen Grund in unserer Verhandlungsposition: Wir führen mit der DDR nicht Verhandlungen über wissenschaftlich-technische Zusammenarbeit – in der Abkürzung: WTZ-Abkommen –, sondern über ein Abkommen auf den Gebieten der Wissenschaft und Technik. Es geht uns im Umgang mit der DDR nicht nur um Naturwissenschaften, Ingenieurwissenschaften und Technologie, sondern um Austausch und Zusammenarbeit in der ganzen Bandbreite der Wissenschaften.

Wir haben deshalb – in vollem Einvernehmen mit dem Abkommenspartner – das Gebiet der Wissenschaft (und dazu auch den Bereich der Bildung) in das am 6. Mai 1986 in Kraft getretene Kulturabkommen mit hineingenommen. In Artikel 1 ist von den „Gebieten der Kultur, Kunst, Bildung und Wissenschaft" die Rede. Der Artikel 2 befaßt sich mit den Feldern und Formen der Zusammenarbeit auf den Gebieten der Wissenschaft und Bildung. Der Text lautet:

Artikel 2

Die Abkommenspartner fördern die Zusammenarbeit auf den Gebieten von Wissenschaft und Bildung einschließlich der Schul-, Berufs- und Erwachsenenbildung sowie der Hoch- und Fachschulbildung.

---

[1] Nach Bundesbericht Forschung V (1981).

Sie fördern
1. die Entsendung von Delegationen, Wissenschaftlern und Experten zum Zwecke des Erfahrungsaustausches, wissenschaftlicher Information und der Teilnahme an Kongressen und Konferenzen;
2. den Austausch von Wissenschaftlern zu Vorlesungs-, Forschungs- und Studienaufenthalten;
3. den Austausch von Studierenden, insbesondere postgradual Studierenden und jungen Wissenschaftlern zu Studienaufenthalten;
4. den Austausch von Fachliteratur, Lehr- und Anschauungsmaterial sowie von Lehrmitteln.

Zur Realisierung der in den Ziffern 2 und 3 genannten Aktivitäten können Stipendien gewährt werden.

Das sind Förderungsabsichten der Abkommenspartner, die gewiß nicht einklagbar sind, aber bewiesenermaßen eine Verbesserung der allgemeinen Bedingungen darstellen und auch eine Berufungsgrundlage für die an Austausch und Zusammenarbeit interessierten Institutionen und Personen sein können. Es ist bekannt, daß die Bundesregierung bestrebt ist, daß möglichst viel an Austausch und Zusammenarbeit in direktem Kontakt von Einrichtung zu Einrichtung, von Person zu Person angebahnt und realisiert wird. Das Kulturabkommen hat eine — wie wir es nennen — „individuelle Komponente", die nicht so einfach durchzusetzen war. Der Text ist deshalb etwas kompliziert. Er besagt, daß an der Zusammenarbeit neben Behörden, Organen und Institutionen auch Organisationen, Vereinigungen und die im kulturellen Bereich (einschließlich Bildung und Wissenschaft) tätigen Personen teilnehmen, „soweit sie nach Maßgabe der innerstaatlichen Rechtsordnung und Praxis an der Realisierung des Abkommens beteiligt sind oder werden". So umständlich diese Formulierung ist, für unsere Seite bedeutet sie keine Einschränkung; denn aus unserem Verständnis der Freiheit von Kunst und Wissenschaft ist jedermann befugt, sich an der kulturellen Zusammenarbeit mit der DDR zu beteiligen, wenn er es wünscht. Und in umgekehrter Richtung können wir mit dem Kulturabkommen innerstaatliche Rechtsvorschriften der DDR nicht aushebeln. Dies gilt besonders auch für den Bereich der Regelungen im innerdeutschen Reiseverkehr. Beschränkungen im Reiseverkehr, Reglementierung der Einreise in die DDR für die dort Nichtansässigen und Beschränkungen bei der Ausreise von Wissenschaftlern und Künstlern aus der DDR zu Veranstaltungen im Bundesgebiet — das sind Stichwörter für unser Thema „Möglichkeiten und Grenzen". Dies muß hier nicht vertieft werden; denn hier handelt es sich ja um eine der Haupterscheinungen der deutschen Anomalität.

Das Kulturabkommen hat über die sehr detaillierten Förderungsabsichten der Abkommenspartner, die zur Ausfüllung des Abkommens dem direkten Umgang der Beteiligten dienen sollen, auch eine „instrumentale" Funktion: In Artikel 12 sind zur Durchführung des Abkommens Arbeitspläne vorgesehen, die jeweils den Zeitraum von zwei Jahren umfassen und sich auch auf die nötigen finanziellen Regelungen beziehen sollen. Aus unserer Sicht gehören in diese Arbeitspläne nicht solche Vorhaben, die zwischen den in Betracht kommenden Partnern vereinbart und abgewickelt werden können. Wir wollen keineswegs Austausch und Zusammenarbeit durch das oft zitierte „Nadelöhr" der staatlichen Vermittlung anbahnen, sondern besonders herausgehobene und schwierige Projekte in die Arbeitspläne hineinbringen und dabei auch vorhandene Defizite beseitigen. Die Länder der Bundesrepublik Deutschland, die aus ihrer Kompetenz der Kulturhoheit für die Vorbereitung der Arbeitspläne zuständig sind, haben dabei besonders den Hochschulbereich im Auge. Hier wird u.a. auch die Kooperation zwischen Hochschulen im Bundesgebiet und in der DDR als Vorstufe einer wie auch immer gearteten Partnerschaft angestrebt. Der erste mit dem Abkommenspartner zu vereinbarende Arbeitsplan wird den Zeitraum 1988/89 umfassen.

Wie sich die auf dem Kulturabkommen beruhende Zusammenarbeit entwickeln wird, kann man nicht präzise vorhersagen. Beispiele aus den letzten Monaten berechtigen uns zur Hoffnung auf stetige Fortentwicklung. Allerdings stammen die Beispiele weitgehend aus dem Bereich der kulturellen Präsentation — es wird auch unsere große Ausstellung „Positionen. Malerei aus der Bundesrepublik Deutschland" genannt, die Ende 1986/Anfang 1987 in Ostberlin und Dresden gezeigt wurde und eine bemerkenswerte Resonanz beim DDR-Publikum gefunden hatte. Beispiele aus dem wissenschaftlichen Bereich haben überwiegend individuell-fachlichen Charakter als Gastvortrag oder als Teilnahme an Tagungen und Kongressen. Gemessen an den Möglichkeiten, die es gibt, und gemessen an den auf beiden Seiten vorhandenen Interessen auf der Seite der Wissenschaftler in beiden Staaten, sind diese Beziehungen doch quantitativ recht dürftig, so hoch der Begegnungswert im Einzelfall einzuschätzen ist. Hier Abhilfe zu schaffen ist Sinn und Aufgabe der vertraglichen Regelungen in Form des Wissenschaftsabkommens und des Kulturabkommens.

Gelegentlich wird nach konkreten Zahlen gefragt: Wieviel deutsch-deutsche Beziehungen im kulturellen Bereich gibt es? Wieviel Gastvorträge, wieviel Teilnehmer an wissenschaftlichen Kongressen und Tagungen im jeweils anderen deutschen Staat? Gleichermaßen gibt es diese Fragen auch im kulturellen Bereich: Wieviel Gastspiele, wieviel Lesungen, wieviel Bühnenengagements usw.? Hier müssen die zuständigen Stellen leider abwinken: Es gibt auf unserer Seite keine Statistik der innerdeutschen Kulturbeziehungen. Man kennt den Umfang unserer Förderungsmaßnahmen. Im deutschlandpolitischen Ressort gibt es einen Haushaltstitel zur Förderung der kulturellen Zusammenarbeit mit der DDR. Aber zahlreiche Kontakte werden – und das ist sicher positiv – ohne Beanspruchung von Bundesmitteln realisiert, weil Eigenmittel der beteiligten Gebietskörperschaften oder Institutionen zur Verfügung stehen oder weil die Beteiligten auf unserer Seite für die Kosten ihrer Gäste aus der DDR persönlich aufkommen. Niemand ist gehalten, es „nach Bonn" zu melden, wenn er zu einer wissenschaftlichen oder kulturellen Veranstaltung in die DDR reist oder wenn Gäste aus der DDR erwartet werden. Das ist eine Konsequenz unseres Prinzips der innerdeutschen Freizügigkeit, bedeutet aber andererseits, daß wir unser Bild über den Stand der Beziehungen auf den Gebieten der Kultur und Wissenschaft durch mosaiksteinartiges Sammeln von Einzelinformationen bilden müssen.

In diesem Bild gibt es durchaus auch Überraschendes: Kontakte, Austausch und Zusammenarbeit in Formen, die aus dem Rahmen des von der anderen Seite Zugestandenen fallen. Oft werden Beziehungen auf internationalen Veranstaltungen angebahnt und dann bilateral über die innerdeutsche Grenze fortgesetzt. Die DDR ist Mitglied in den meisten internationalen nichtstaatlichen Organisationen (NGOs), von denen es ja allein im wissenschaftlichen Bereich einige Hundert, wenn nicht sogar tausend gibt. Vor allem in den großen internationalen Kulturorganisationen wie UNESCO, ICOMOS, ICOM oder im Internationalen Theater-Institut ITI tritt die DDR besonders hervor. Hier bieten sich — wie gesagt — gute Ansatzmöglichkeiten für bilaterale Zusammenarbeit.

Dagegen verlieren die persönlichen Beziehungen, die aus gemeinsamer Ausbildungszeit oder gemeinsamer Berufstätigkeit herrühren, immer mehr an Bedeutung. Die Teilung Deutschlands währt nun über 40 Jahre — die Generation, die vor dem Kriege ins Berufsleben eintrat, ist heute im Rentenalter.

Aber einige Editionsprojekte aus den Vorkriegsjahrzehnten, ja sogar aus dem 19. Jahrhundert, haben sich als sogenannte „Gemeinschaftsvorhaben" bis in die Gegenwart erhalten, zum Teil ohne jeden äußerlichen politischen Anstrich auf der DDR-Seite. Eines dieser Vorhaben kann man unbesorgt beim Namen nennen: Grimms Deutsches Wörterbuch, das von der „Arbeitsstelle Deutsches Wörterbuch" im Zentralinstitut für Sprachwissenschaft der Akademie der Wissenschaften der DDR in Ostberlin und der „Arbeitsstelle Deutsches Wörterbuch" bei der Akademie der Wissenschaften zu Göttingen gemeinsam herausgeben wird. Am 30. Oktober 1986 haben beide Arbeitsstellen zusammen den Jahrespreis der Henning-Kaufmann-Stiftung zur Pflege der Reinheit der deutschen Sprache in Höhe von 20 000,— DM erhalten. Das ist aus unserer Sicht nicht nur eine idealtypische wissenschaftliche Zusammenarbeit im geteilten Deutschland, sondern zugleich auch ein idealer Beitrag zur Bewahrung der Gemeinsamkeit von Sprache und Kultur. Es gibt noch ähnliche Kooperationen im geisteswissenschaftlichen Bereich auf der Grundlage alter Tradition.

Die gesamtdeutsche Kooperation auf dem naturwissenschaftlichen Gebiet, z.B. bei den großen Referate-Organen wie beim „Mathematischen Zentralblatt" oder beim „Chemischen Zentralblatt", ist dagegen Ende der sechziger Jahre in der Zeit der SED-Kampagne gegen die „gesamtdeutschen Gemeinsamkeiten" beendet worden. Dabei muß allerdings der Wandel in der naturwissenschaftlichen Dokumentation im Zeichen des Beginns der elektronischen Datenverarbeitung und unter Umständen des technischen Fortschritts im Druckgewerbe berücksichtigt werden: Die Beiträge aus der DDR kamen einfach zu spät.

Ich möchte nicht der Versuchung unterliegen, mich allzusehr mit den Wissenschaften in ihrer Gesamtheit und mit den Geisteswissenschaften im besonderen zu beschäftigen. Mir ist ja die wissenschaftlich-technische Zusammenarbeit als Thema aufgegeben. Auf diesem Feld möchte ich nun die Interessenlage der beiden Seiten untersuchen. Dabei ergibt sich in etwa das folgende Bild:

Die Bundesrepublik Deutschland (und selbstverständlich ist Berlin-West darin eingeschlossen) wünscht aus ihrer Konzeption der Intensivierung aller innerdeutschen Beziehungen, ob wissenschaftlicher, künstlerischer, fachlicher, wirtschaftlicher oder individuell-persönlicher Art, daß es auch auf dem Gebiet der wissenschaftlich-technischen Zusammenarbeit ein Maximum an Gemeinsamkeiten und an Beziehungen in Austausch und Zusammenarbeit geben möchte.

Allerdings sind auf unserer Seite die Kompetenzen der staatlichen und sonstigen amtlichen Stellen begrenzt. Vieles muß oder sollte im Selbstlauf der interessierten Stellen und Personen vor sich gehen. Dabei spielt auch das eigene und gegenseitige Interesse eine Rolle, das auf unserer Seite nicht durch administratives Eingreifen ersetzt werden kann. So ist auch die Konzeption für eine Gemeinsame Kommission zur Durchführung des Wissenschaftsabkommens zu verstehen.

Im wissenschaftlich-technischen Bereich hat das gewerbliche Moment eine größere Bedeutung als beim kulturellen Austausch, der allerdings teilweise, etwa in Form der gewerblich vermittelten und abgewickelten Gastspiele, durchaus auch einen kommerziellen Anstrich haben kann. Die wirtschaftlichen Aspekte der wissenschaftlich-technischen Zusammenarbeit sind dem nachfolgenden Referat vorbehalten. Deshalb beschränke ich mich auf diese zur Abrundung der Thematik unerläßlichen Andeutung. Aber eine Anmerkung zum innerdeutschen Handel ist erforderlich. Theoretisch sind die Möglichkeiten für die Ausweitung gewerblicher Beziehungen auf dem Gebiet der wissenschaftlich-technischen Zusammenarbeit vorhanden, bei der Vergabe von Lizenzen, der Überlassung der Nutzung gewerblicher Schutzrechte oder nicht geschützter technischer Verfahren, von Konstruktionsunterlagen usw.

Dabei darf nicht übersehen werden, daß die Zusammenarbeit dort auf Grenzen stößt, wo Sicherheitsbelange berührt werden. Es gibt Embargo-Vorschriften des Koordinierungskomitees für den Ost-West-Handel COCOM, die die Lieferung von bestimmten Waren und auch von bestimmten Nutzungsrechten in die „Staatshandelsländer" des Warschauer Paktes untersagen. Diese Problematik kann sich übrigens auch bei Austausch und Zusammenarbeit auf der Grundlage des vielleicht bald in Kraft tretenden Wissenschaftsabkommens mit der DDR auftun.

Die Interessenlage der DDR ist in einigen Punkten wesentlich anders. Der DDR geht es nicht darum, nationale Gemeinsamkeiten zu wahren oder dem innerdeutschen Handel eine aus der Vergangenheit überkommene und zukunftsorientierte Bedeutung zuzumessen. Im Gegenteil, unbeschadet der im Grundlagenvertrag bekundeten Absicht, normale, gutnachbarliche Beziehungen zueinander zu entwickeln, hält die DDR an ihrer Doktrin der Abgrenzung der Bundesrepublik Deutschland fest. Aber — wie im kulturellen Bereich — weiß sich die DDR auch auf den Gebieten der Wissenschaft und Technik in einer multilateral, nämlich in der KSZE-Schlußakte von Helsinki und im abschließenden KSZE-Dokument von Madrid, festgelegten Verbindlichkeit, die auch bilaterale Beziehungen einschließt. Selbstverständlich hat die DDR ein originäres Interesse an Austausch und Zusammenarbeit, um daraus für die Volkswirtschaft der DDR und das gesamte Wirtschaftssystem der „Sozialistischen Länder" einschließlich der Rüstungswirtschaft zu profitieren. So gesehen hat die DDR-Seite ein großes Interesse am Transfer von Technologie, an der Weitergabe von technisch-wissenschaftlichem Know-how in west-östlicher Richtung.

So sehr die DDR den Grundsatz des gegenseitigen Nutzens herausstellt, bei der Gegenseitigkeit hapert es nach den bisherigen Erfahrungen. Und daran wird sich wohl auch in nächster Zeit nicht viel ändern. Weite Bereiche der Wissenschaft und Technik sind als geschützte Zonen tabu. Die weit überzogene Geheimhaltungsmentalität der gesamten Ostblockländer mit oft geradezu hysterischen Zügen ist bekannt. Von daher ist die Befürchtung aufgekommen, daß es sich bei dem „gegenseitigen Nutzen" um eine recht einseitige Angelegenheit handeln könne: indem die DDR einerseits möglichst viel an technischem Know-how zu erlangen versucht, sich andererseits in den für den Abkommenspartner interessanten Bereichen absperrt.

Man kann davon ausgehen, daß die Beteiligten auf unserer Seite ein solches Verhalten nicht ohne weiteres hinnehmen werden. Hier gibt es ein Instrumentarium in Form der im Wissenschaftsabkommen vorgesehenen Kommission, das einer solchen Entwicklung des „Einbahnverkehrs" entgegenwirken und dem Grundsatz des „gegenseitigen Nutzens" Geltung verschaffen kann.

Noch ein anderer restriktiver Aspekt sei angemerkt. Autoren in der DDR können nicht ohne weiteres über die Nutzung ihrer Autorenrechte verfügen. Zur Vergabe von Rechten nach außerhalb der DDR benötigen sie die Zustimmung des Büros für Urheberrecht. Nicht nur für Literaten, die mit der genannten Institution Schwierigkeiten gehabt haben, auch für wissenschaftliche Autoren gilt diese Regelung, etwa auch bei der Mitarbeit in Zeitschriften und Sammelwerken. Die außerordentlich komplexe Frage der Patente und anderer Nutzungsrechte will ich nur anschneiden — das wäre ein Thema für sich mit einem kompetenten Referenten. Auch das Wissenschaftsabkommen mit der DDR befaßt sich mit der Frage von Patenten und Nutzungsrechten. Dies ist nur ein

Hinweis, mit welchen Problemen die wissenschaftlich-technische Zusammenarbeit belastet sein kann.

Die grundsätzlichen Unterschiede zwischen den beiden Staaten in Deutschland in verfassungsrechtlicher, ideologischer, politischer und gesellschaftlicher Hinsicht sind quasi das A und O in diesen Ausführungen über Möglichkeiten und Grenzen der Zusammenarbeit. Auf diesem Hintergrund stellt sich ja die Frage nach Möglichkeiten und Grenzen. Wenn wir in der DDR etwa Verhältnisse wie in Österreich und in der Schweiz hätten, bräuchten wir sicher kein Kulturabkommen und wohl auch kein Abkommen über wissenschaftlich-technische Zusammenarbeit.

Zur Frage der künftigen Entwicklung im Rahmen der dargestellten Möglichkeiten und Grenzen kann ich kaum etwas Präzises beitragen. Hier wirken auch übergeordnete politische Faktoren mit. Beim kulturellen Austausch hat man mit Recht vor überzogenen Hoffnungen gewarnt. Hier kann man nicht erwarten, daß die Beziehungen zur DDR auf dem kulturellen Gebiet besser sind als die Gesamtheit der innerdeutschen Beziehungen. Die deutschlandpolitische Gesamtlage und die globalen Ost-West-Beziehungen spielen eine übergeordnete Rolle. Man könnte, und das ist zumindest für den kulturellen Bereich die Erfahrung aus der praktischen Arbeit, an das Bild von „kommunizierenden Röhren" denken. Auf dem Gebiet der wissenschaftlich-technischen Zusammenarbeit mögen die Verhältnisse etwas anders liegen, aber auch hier gibt es einen Zusammenhang mit der weltpolitischen Lage. Dessen sollte man sich gerade jetzt in einer neuen Phase des Ost-West-Dialogs bewußt sein.

Nachtrag: Dieser Beitrag gibt den Sachstand im Frühjahr 1987 wieder. Inzwischen ist anläßlich des Besuchs des Staatsratsvorsitzenden Honecker in der Bundesrepublik Deutschland am 8. September 1987 in Bonn das in diesem Beitrag zentral behandelte Regierungsabkommen über Zusammenarbeit auf den Gebieten der Wissenschaft und Technik („WTZ-Abkommen") unterzeichnet worden. Auch ist neuerdings eine Tendenz zur Auflockerung der Embargo-Praxis (COCOM-Bestimmungen) spürbar.

Helmut Giesecke

MÖGLICHKEITEN UND GRENZEN EINER WISSENSCHAFTLICH-TECHNISCHEN ZUSAMMENARBEIT MIT DER DDR AUS DER SICHT DER WIRTSCHAFT DER BUNDESREPUBLIK DEUTSCHLAND

Die Wirtschaft der Bundesrepublik oder genauer gesagt: ein breites Spektrum westdeutscher Unternehmen fast aller Sektoren und aller Größenordnungen zeigt lebhaftes Interesse am innerdeutschen Handel (IDH). Dem steht auch nicht entgegen, daß die Handelsbedingungen im einzelnen von Zeit zu Zeit besser sein könnten. Schätzungen sprechen davon, daß ca. 6 000 westdeutsche Unternehmen, vor allem mittelständische, regelmäßig oder sporadisch jährlich ca. 60 000 Verträge mit den staatlichen Außenhandelsstellen der DDR-Wirtschaft abschließen. Die Geschäfte betreffen eine breite, fast unbegrenzte Waren- und Dienstleistungspalette. Und wir können mit Sicherheit davon ausgehen, daß sich noch weit mehr Firmen, und viele der schon jetzt im IDH tätigen Firmen noch intensiver engagieren würden, öffnete die DDR ihre Wirtschaft dem Westen und insbesondere der Bundesrepublik gegenüber nur um einiges mehr.

An höheren Formen der Kooperation wäre man schon allein darum interessiert, weil die DDR in mehreren technologisch anspruchsvollen Sektoren Hauptlieferant der Länder des Rates für Gegenseitige Wirtschaftshilfe (RGW) ist. Bis heute fühlt sich zumindest ein Teil der an einer solchen Zusammenarbeit interessierten westdeutschen Wirtschaft – bei kritischer Betrachtung – eher als jeweils kurzfristig genutzter Puffer oder Nothelfer, nicht jedoch als Wirtschaftspartner, der in planvoller arbeitsteiliger Kooperation einen erheblichen Beitrag zur Verbesserung des DDR-Produktionsniveaus leisten kann. Die Rolle anderer westlicher Lieferanten ist übrigens keinesfalls besser.

Unsere Frage heute und hier ist: Könnte eine engere technisch-wissenschaftliche Zusammenarbeit, etwa im Rahmen des fast unterschriftsreif vorliegenden Abkommens zwischen beiden deutschen Staaten, ein solches Mehr an Geschäftsmöglichkeiten bringen? Würde das die schon in einigen Fällen bestehende technisch-wissenschaftliche Zusammenarbeit auf Firmenebene zusätzlich beflügeln, und könnten sogar weitere DDR-Produktionssektoren, wenn ja, welche, in dieser Weise „geöffnet" werden? Wie schätzen die westdeutschen Firmen eine solche Möglichkeit vor dem Hintergrund ihrer Erfahrungen in zahlreichen Kooperationen in West und Ost ein, die häufiger als in der DDR langfristig angelegt und stärker von technologischer Zusammenarbeit geprägt sind? Wo könnten schließlich die Risiken und auch die Grenzen dieser Art der Vervollständigung der Austauschbeziehungen liegen?

Aus der Sicht der schon seit Jahrzehnten im IDH tätigen Firmen benötigen zahlreiche Sektoren der DDR-Wirtschaft sowohl im Investitions-, im Produktions- wie im Konsumgüterbereich der Modernisierung. Nur eine kleinere Zahl von Betrieben entspricht nach ihrer Auffassung in bezug auf Ausstattung und Produkte den Anforderungen, die der Weltmarkt und auch die DDR-Wirtschaftsführung an sie stellen. Nach ihren Beobachtungen hat sich der Rückstand vieler DDR-Betriebe angesichts des rasant zunehmenden technologischen Wandels im Westen gerade im letzten Jahrzehnt vergrößert. Man ist Zeuge gewaltiger Innovationsanstrengungen in der eigenen Unternehmung und bei der in- und ausländischen Konkurrenz. Man kann die Beschleunigung der Produktzyklen geradezu mit der Hand greifen. Auch die westdeutsche Industrie kam in den ersten Jahren dieses Jahrzehnts erheblich unter Druck und reagierte mit einem noch anhaltenden Investitions- und Innovationsschub.

Was wurde in der gleichen Zeit in der DDR-Wirtschaft beobachtet? Wie alle europäischen RGW-Länder war auch die DDR nach den kraftvollen Anlageimporten aus dem Westen in der ersten Hälfte der siebziger Jahre und schwacher Entwicklung auf den westlichen Märkten in der Folgezeit in rote Zahlen geraten. Wie kein anderes der östlichen Bruderländer konzentrierte sie sich auf die Konsolidierung ihrer internationalen Finanzen und hielt über Jahre einen ausgesprochenen austerity-Kurs durch, der sowohl auf die Versorgung der Bevölkerung wie auch auf die Investitionen in der Wirtschaft voll durchschlug. Diese straffe Wirtschaftspolitik, die zweifellos auch politische Hintergründe hatte, war in einer Hinsicht durchaus erfolgreich: Früher als die anderen RGW-Länder gewann die DDR ihre internationale Kreditfähigkeit zurück und konnte – übrigens wirksam unterstützt von Bundesregierung und westdeutschen Banken – ein inzwischen beachtliches Reservepolster anlegen. Unverkennbar aber ist, daß diese forcierte Konsolidierung zu Lasten der allfälligen Modernisierung zahlreicher DDR-Produktionen ging. Seit Anfang der achtziger Jahre waren die Kapazitäten rigoros ausgeschöpft worden, für Neuinvestitionen fehlten die Mittel, für Westimporte neuer Technologien – selbst im Rahmen des den DDR-Bedürfnissen weit entgegenkommenden Verrechnungsabkommens – die Devisen. Den Investitionsverzicht glaubte die DDR-Wirtschaftsführung zumindest für einige Zeit darum in Kauf nehmen zu können, weil die östlichen Märkte die ostdeutschen Produkte nach wie vor heiß begehrten. Erst in Zusammenhang mit den Wirtschaftsreformen in der Sowjetunion unter Generalsekretär Gorbatschow werden unmißverständlich höherwertige Güter und Dienstleistungen aus der DDR angemahnt.

Viele westdeutsche Investitionsgüter-Lieferanten, die zumindest einen gewissen Einblick in die Situation von DDR-Betrieben hatten, wurden in dieser Phase schnellen technischen Fortschritts im Westen geradezu ausgesperrt. Im IDH lief über mehrere Jahre in dem für die DDR-Industrie entscheidend wichtigen Modernisierungsbereich praktisch nichts mehr. Die DDR bezog in diesen Jahren aus der Bundesrepublik praktisch nur noch die zur Aufrechterhaltung ihrer Produktion erforderlichen Roh- und Vorstoffe, bestenfalls einige Ersatzteile sowie Versorgungsgüter incl. Nahrungsmittel für die eigene Bevölkerung.

Auf den Leipziger Messen und im Rahmen der zum Teil mühsam aufrechterhaltenen Kontakte wurde bestätigt, was aus den offiziellen DDR-Verlautbarungen zu erfahren war: Die DDR-Industrien sollten sich – soweit als möglich – also auch unter Inkaufnahme hoher volkswirtschaftlicher Kosten, selbst regenerieren und modernisieren. Der eigene Rationalisierungsmittel-Bau wurde fortan in den Kombinaten großgeschrieben. Vor allem aber sollten die Ergebnisse der auf einem relativ hohen Niveau stehenden Forschung in der DDR erheblich schneller als bis dato umgesetzt werden. Es folgten umfangreiche gesetzliche Regelungen, die eine engere Verzahnung zwischen Wissenschaft und Betriebspraxis sicherstellen sollten. Die Stichworte „Weltstandsvergleich", „Konzentration auf Schlüsseltechnologien" und „Wirtschaftsverträge" zwischen Kombinaten und Forschungseinrichtungen wurden hier bereits eingehend behandelt.

Die westdeutschen Unternehmen haben die sich daraus ergebenden Entwicklungen mit größtem Interesse verfolgt. Einmal waren sie Zeuge eines vergleichbaren Prozesses in der Bundesrepublik, wo in den gleichen Jahren die Zusammenarbeit vor allem der kleineren und mittleren Unternehmen mit den Forschungsinstituten ebenfalls erheblich intensiviert wurde. Vor allem aber natürlich im Hinblick auf die von ihnen anzubietenden fertigungsreifen Technologien.

Sicherlich ist es in einigen Bereichen noch zu früh für ein abschließendes Urteil: Tatsächlich wird von westdeutschen Beobachtern eine deutlich engere Zusammenarbeit zwischen Forschung und Entwicklungsabteilungen in den Kombinaten festgestellt. Beobachtet werden aber auch Grenzen, die sich wohl eher aus dem Wirtschaftssystem ergeben: Es fehlt der binnenwirtschaftliche Wettbewerbsdruck, selbst die Entscheidungsbefugnisse der Kombinate scheinen oft nicht auszureichen. Zu wenig Impulse gingen von den zentralen Preisfestsetzungen und generell vom Mangel an stimulierenden Anreizen aus. Auf dem kürzlichen Symposion der Forschungsstelle für gesamtdeutsche wirtschaftliche und soziale Fragen (Berlin-West) wurde wohl zu Recht darauf hingewiesen, daß ein Klima, in dem nicht selten hauseigene Fortschritte und Erfolge als zufriedenstellendes Ergebnis angesehen werden, kaum die dringend notwendigen Innovationsimpulse auslöst.

Für unser Thema interessant ist die Beurteilung der Investitionspolitik der DDR im neuen Planjahrfünft. Das Deutsche Institut für Wirtschaftsforschung stellte dazu im Juli 1986 fest, daß Arbeitskräfte, Material und Energie noch knapper seien und rechnet auf eine weiterhin vorsichtige Investitionspolitik.

Entscheidende Impulse für das gesamtwirtschaftliche Wachstum erwarte die DDR-Führung von Forschung und Entwicklung, insbesondere in den Schlüsseltechnologien. Dadurch sollen die Produktionsprozesse modernisiert, der Energie- und Materialaufwand reduziert, neue hochwertige Produkte eingeführt und die gesamte Struktur der Produktion verbessert werden.

Interessant der Hinweis des gleichen Instituts von Ende Januar dieses Jahres, daß die traditionellen Produktionsbereiche der DDR mit dem größeren wirtschaftlichen Gewicht nach wie vor mit veralteten Anlagen und unrationeller Produktionsorganisation arbeiten. Sie litten zusätzlich unter dem enormen Investitionsaufwand, der auf die Schlüsseltechnologien konzentriert sei, ohne daß sie von den Ergebnissen profitierten. Für sie gilt nach wie vor das do it yourself.

Der DDR-Wissenschaftler Prof. Nötzold glaubt annehmen zu können, daß der weltweite technologische Strukturwandel innerhalb der RGW-Staaten ein neues Interesse an Zusammenarbeit auslösen könnte. In dem in Moskau verabschiedeten Komplexprogramm des wissenschaftlichen und technischen Fortschritts sieht er vor allem auch den Zweck, die Abhängigkeit von Technologie-Importen aus dem Westen zu vermindern.

Nun, die westdeutschen Unternehmen haben im IDH in den letzten drei Jahren eine vorsichtige Wiederaufnahme von Investitionsgüter-Einfuhren der DDR beobachtet. Modernisierungsaufträge gingen vor allem an die westdeutschen Maschinenlieferanten in den Sektoren Textil, Bekleidung, Holz- und Glasindustrie. Bereiche also, in denen die DDR eine Tradition und auch gewisse Absatzerfolge im Westen hat. Im vergangenen Jahr erreichten diese Investitionsgüter-Lieferungen ein beachtliches Volumen von fast 2 Mrd. DM und lagen damit 40% über den 1985er Lieferungen.

So positiv diese Entwicklung auch im Rahmen der bisherigen deutsch-deutschen Wirtschaftsbeziehungen gesehen werden mag, sie entspricht aus der Sicht der westdeutschen Wirtschaft weder dem Bedarf der DDR-Industrien noch den Möglichkeiten unserer Lieferanten. Auf das inzwischen exzellente internationale Kreditstanding der DDR war ebenso schon hingewiesen worden wie darauf, daß andere westliche Lieferanten in den letzten Jahren eher noch schlechter abgeschnitten haben.

Wo liegen die Beschränkungen, und kann eine engere Zusammenarbeit im wissenschaftlich-technologischen Bereich die Grenzen zumindest ein wenig hinausschieben? Hinsichtlich der Investitionsgütereinfuhren aus dem Westen scheint es für die DDR zwei Traumata zu geben: Man möchte sich weder politisch noch finanziell abhängig machen. In der Direktive des neuen Fünfjahrplans heißt die Formel, die ökonomische und politische Unangreifbarkeit der DDR weiter zu festigen. Eine Verschuldungskrise à la 1981–1983 will man unter keinen Umständen mehr riskieren. Gleichwohl sieht Prof. Nötzold in einem im Januar 1986 im Westen erschienenen Artikel infolge des technologischen Strukturwandels neue Aufgaben für die Ost-West-Kooperation. Er könnte zu neuen Ansätzen der industriellen Arbeitsteilung mit Osteuropa führen. Eine derartig langfristig angelegte Zusammenarbeit muß nach seinen Worten technologieintensiv sein. Engere Formen der Zusammenarbeit seien erforderlich, weil eine komplexere Technologie schwerer zu übertragen und anzuwenden ist. Güter, die den technischen Fortschritt inkorporierten, hätten an den westlichen Ausfuhren in den RGW immer nur einen gewissen Anteil gehabt. Sie seien niemals die wichtigste Gütergruppe gewesen und seien gerade in den letzten Jahren noch zurückgegangen. Erzeugnisse mit hohem Gehalt an Forschungs- und Entwicklungsaufwendungen (F+E) hätten an den Lieferungen nach OECD-Schätzungen weniger als 3% Anteil gehabt. Nötzold weist als mögliche Ursachen dafür zunächst auf die westlichen Embargo-Maßnahmen à la COCOM hin, dann aber sucht er systembedingte Gründe. Seiner Meinung nach hat die in Osteuropa und der Sowjetunion zwar unterschiedlich ausgeprägte, dennoch aber im allgemeinen geringe Neigung der Betriebe bzw. der für sie zuständigen Industriezweigministerien zur möglichst raschen Anwendung technologisch fortschrittlicherer Produktionsverfahren auch Auswirkungen auf die Zusammensetzung der Investitionsgüter-Einfuhren aus den westlichen Industrieländern. Das würde heißen, daß die Neigung zu extensivem Wirtschaftswachstum, also unzureichender Nutzung des technischen Fortschritts, sich auch in der Technologie-Importpolitik niederschlägt. Hinzu kommt, daß fortgeschrittene Technologie vor allem auch durch Firmenkooperation, Direktinvestitionen und Patentvergabe übertragen wird. Diese Instrumente sind in der Ost-West-Kooperation von sehr geringer Bedeutung. Vor allem wegen der Schwierigkeiten, die aus den unterschiedlichen Wirtschaftssystemen resultieren, liegt die Größenordnung dieser Formen der Wirtschaftsbeziehungen weit unter dem Ausmaß, das zwischen den westlichen Staaten üblich ist.

Man könnte an dieser Stelle meditieren, ob die von Generalsekretär Gorbatschow jetzt eingeschlagene Forcierung der Joint-Ventures-Politik genau an diesem Punkt ansetzt. Tatsache ist aber, daß auch die jüngsten Äußerungen des Staatsratsvorsitzenden der DDR keinen Wandel der diesbezüglichen Politik erkennen lassen, so wie sich grundlegende Änderungen im Wirtschaftssystem der DDR – im deutlichen Gegensatz zur derzeitigen Entwicklung in der Sowjetunion – nicht abzeichnen.

In Gesprächen mit westdeutschen Anlagenbauern wird auf einen weiteren Grund für die DDR-Zurückhaltung bei ihren Importbeziehungen von Technologiegütern hingewiesen: Offenbar hätten die Lieferungen komplexer Anlagen besonders in der ersten Hälfte der siebziger Jahre häufig die in sie gesetzten Erwartungen nicht erfüllt. Einige von ihnen seien wohl zu wenig in die sie umgebende Techno-Infra-Struktur eingepaßt gewesen, so daß sie ihre volle technische Leistung nicht erreichten. Übrigens hörte ich dabei von einem Fall, in dem der westdeutsche Lieferant einer Großanlage bisher keine Gelegenheit hatte, das Projekt zu überprüfen. Hinzufügen möchte ich aber, daß dieses Infrastruktur-Argument von anderen westdeutschen Unternehmenssprechern für wenig stichhaltig gehalten wird. Die deutschen Ausrüsterindustrien seien weltweit bekannt dafür, daß sie individuelle Problemlösungen lieferten. Und wir können mit Sicherheit davon ausgehen, daß sich die Ingenieure des Volkswagenwerks mit ihren ostdeutschen Kollegen in diesen Monaten ganz besonders auch um das technologische Umfeld des zu liefernden Motorenwerks kümmern. Ebenso hält man nicht viel von dem Argument, daß importierte Komplextechnologien in der Regel einen hohen Ersatzteilbedarf aus dem Ausland hätten.

Der Hinweis auf den Bremseffekt des westlichen Embargos sicherheitsrelevanter Technologien nach der COCOM-Liste wurde in der westdeutschen Wirtschaft als wichtigstem Lieferanten der Sowjetunion wie auch der DDR seit den Zeiten des Pipeline-Embargos der sechziger Jahre außerordentlich ernstgenommen. In Gesprächen mit westdeutschen Firmen gewinnt man den Eindruck, daß man im Hinblick auf das weitaus größere Geschäft im Westen, und auch angesichts der im ganzen doch hohen Abhängigkeit von der technologischen Zusammenarbeit mit den USA, keinerlei Risiko eingeht. Bisweilen gibt es Ärger über die langwierigen Genehmigungsprozeduren beim Bundesamt für gewerbliche Wirtschaft (BAW), mit denen man bei komplizierteren Technologien rechnen muß. Eindrucksvoll aber sind die Hinweise aus den westdeutschen Unternehmen darauf, welche Auswege in Zusammenarbeit mit den östlichen Partnern erarbeitet worden sind, wenn es COCOM-Schwierigkeiten gab. Die Bundesregierung hat immer wieder — gerade auch gegenwärtig — bei dem permanenten Prozeß der Listenrevision für eine konsequente Anwendung und weite Auslegung jener COCOM-Regeln plädiert, die eine Entschlackung der COCOM-Liste um solche Gegenstände und Verfahren erlauben, die nach dem technologischen Wissensstand unter strategischen Gesichtspunkten nicht mehr schutzwürdig erscheinen oder für den Warschauer Pakt anderweitig verfügbar sind. Wir hören, daß im Rahmen der gegenwärtigen Listenrevision das sogenannte untere technologische Ende kräftig ausgelichtet werden soll. Wir müssen aber Verständnis dafür haben, daß es im oberen, sensitiven Bereich keine Kompromisse geben kann.

Mit Blick auf die handelsbeschränkende Wirkung der COCOM-Vorschriften verweist übrigens interessanterweise Nötzold auf die unterschiedlichen Lieferanteile an high-tech-Gütern, die bei Rumänien und Ungarn deutlich über denen der Sowjetunion lagen.

Soweit die Hinweise auf die COCOM-Vorschriften von östlicher Seite mit polemischem Unterton vorgetragen werden, könnte man übrigens den Gesprächspartner darauf hinweisen, daß derartige Vorhaltungen aus einem Wirtschaftsraum merkwürdig klingen, in dem alles, was nur im entferntesten mit Rüstung und Rüstungsindustrien zu tun hat, wirklich hermetisch abgeschirmt wird. Erst kürzlich hat Generalsekretär Gorbatschow gefordert, die in diesem

Bereich gewonnenen Technologien — und es werden nicht wenige sein — auch dem zivilen Sektor nutzbar zu machen. Darob stehen seinen Militärtechnologen die Haare zu Berge. In den Forschungs- und Entwicklungsabteilungen zahlreicher deutscher Unternehmungen jedenfalls hält man die durch COCOM gestellten Probleme in vielen Fällen für überwindbar.

Der Wunsch nach einer intensiveren Zusammenarbeit mit den DDR-Kombinaten gerade auch in den Bereichen der Anwendungstechnologien ist in den technologisch führenden westdeutschen Firmen stark. Natürlich denkt man dabei an den beidseitigen kommerziellen Nutzen und hält nichts von einem Technologie-Transfer zum Nulltarif in seinen verschiedensten Formen. Der Abschluß eines Rahmenabkommens über die wissenschaftliche und technologische Zusammenarbeit zwischen den beiden deutschen Staaten wird also begrüßt, nicht zuletzt im Hinblick darauf, daß die DDR in zahlreichen Sektoren technologischer „Trendsetter" ist. Westdeutsche Entwicklungsingenieure berichten, daß die Mitarbeit an den verschiedenen wissenschaftlich-technischen Kommissionen mit den anderen RGW-Ländern — bei aller Kritik im einzelnen — einen guten Überblick über einzelne Entwicklungen im jeweiligen Wirtschaftszweig erlaubt. Auch die auf diese Weise gewonnenen Kontakte außerhalb der Außenhandelsbetriebe kämen den Geschäftsbeziehungen zugute. Allerdings hätte man in der DDR heute schon andere Kommunikationsmöglichkeiten.

Verschiedentlich kann man hören, daß das westdeutsche Angebot zu einer längerfristigen Zusammenarbeit im Entwicklungsbereich mit den ostdeutschen Counterparts bis zum Abschluß eines entsprechenden Abkommens zurückgestellt werden müßte. Wie immer man einen solchen Hinweis bewerten mag: Es spricht einiges dafür, daß nach Unterzeichnung eines solchen Abkommens neue Gesprächsschienen eröffnet werden, die zumindest längerfristig geschäftswirksam werden könnten. Mit einer schnellen Auswirkung auf das eigene Geschäft scheinen jedoch zumindest die „alten Hasen" im DDR-Geschäft nicht zu rechnen. Andererseits sehen natürlich insbesondere die Hersteller von Spezialausrüstungen ihre Geschäftschancen steigen, wenn auf wissenschaftlich-technischer Ebene von beiden Seiten intensiver etwa in die Themen Umweltschutz, Reaktorsicherheit, regenerative Energien, Müllbeseitigung, Recycling und andere eingestiegen wird.

Doch erscheint auch Skepsis angebracht: Die schon alte Form einer längerfristigen betrieblichen Zusammenarbeit, die sogenannte Gestattungsproduktion, blieb auf relativ wenige — etwa ein dutzend Fälle, davon nur 4 im Non-Food-Bereich — beschränkt, obwohl Qualitätsverbesserungen und auch bessere Exportchancen unverkennbar sind. Nur im Falle der Salamanderkooperation hat die unternehmerische Initiative sichtbar dynamische Entwicklungen innerhalb der DDR ausgelöst. Ähnliches zeichnet sich beim VW-Geschäft ab.

Die westdeutschen Entwicklungsingenieure schätzen sowohl die DDR-Wissenschaftler in den verschiedenen Forschungsinstituten wie auch ihre Counterparts in den Forschungs- und Entwicklungsabteilungen der Kombinate recht hoch ein. Sie weisen bei Vergleichen mit entsprechenden Gesprächspartnern in den anderen RGW-Ländern, die sie in den verschiedenen Kommissionen treffen, auf die gemeinsame Wissenschaftssprache, gemeinsame Standards und eine gemeinsame Industriephilosophie hin. Der Respekt vor den Leistungen ist besonders in den Fällen groß, in denen die ostdeutschen Teams unter weniger guten Bedingungen in bezug auf technische Ausrüstung eindrucksvolle Ergebnisse hervorgebracht haben. Niederschlag findet diese Wertschätzung übrigens in der zunehmenden Zahl der in der DDR gekauften Lizenzen. Zwar werden einige von ihnen vornehmlich in der Sowjetunion oder in Entwicklungsländern verwertet, in einigen Fällen scheint man aber auch schon westliche Verkaufserfolge damit zu verbuchen.

Auf westdeutscher Seite würde man sich weniger darüber freuen, wenn mit dem Abkommen und seinen möglichen Organisationsstrukturen fortan eine Bürokratisierung, Formalisierung bis hin zur Politisierung der Gespräche erfolgte. Man wünscht sich weiterhin ein Maximum an Flexibilität in diesem für die Firmen sensiblen Bereich. Dazu passen keine listenmäßigen Aufzählungen der Partner, so wie sie wohl von einigen RGW-Ländern ins Gespräch gebracht werden. Man möchte auch die bestehenden Kommunikationsstrukturen nicht durch irgendwelche Offizialisierungen stören lassen. Insbesondere wünscht man sich keine aufgeblähten Kommissionssitzungen, dafür aber eine Beschleunigung der technisch-wissenschaftlichen Entscheidungen. Als negatives Beispiel wurde auf eine neunmonatige Verhandlungsdauer für eine von der DDR-Seite gewünschte Innovation, verbunden mit einem attraktiven Finanzierungsangebot, hingewiesen.

Interesse am Abschluß eines solchen Abkommens besteht auch aufgrund der Annahme, daß es zumindest langfristig dazu beiträgt, die Leistungsfähigkeit der DDR-Wirtschaft anzuheben, damit deren Verkaufschancen auf den westlichen Märkten zu verbessern, was wiederum den eigenen Geschäftsbeziehungen zur DDR zugutekommen kann. In diesem Zusammenhang wird auf die Chancen hingewiesen, die das neue Dienstleistungsabkommen in der Weise eröffnet, daß die DDR fortan verstärkt auch westdeutsche Unternehmens- und Technologieberater heranziehen sowie Anlagen leasen kann.

Aber auch Besorgnis wird vorgetragen, daß in den im Abkommenszusammenhang organisierten zahlreichen Begegnungen und Symposien, in den Besichtigungen und auch bei den gemeinsamen Arbeiten der Wissenschaftler die eine oder andere anwendungsnahe Information abfließen könnte. Zwar werden die Unterschiede zwischen der Grundlagen- und der anwendungsbezogenen Forschung gesehen, sie sind aber zumindest in einigen Technologiebereichen fließend. Es sei vorstellbar, daß westdeutsche Gesprächspartner in solchen Situationen das Gesetz des do-ut-des leicht außer acht lassen könnten. Während die einen sich also einige Sicherungen gegen einen solchen Abfluß von Anwendungswissen wünschen, wiegeln andere ab: Der Weg zur Umsetzung in die Industriepraxis der DDR sei — leider — noch sehr weit.

Aus der Sicht der westdeutschen Wirtschaft sollte und könnte eine engere Zusammenarbeit auf wissenschaftlich-technischer Ebene das Vertrauen der DDR-Wirtschaftsführung in die Verläßlichkeit der deutschen Industrien und ihrer Absichten stärken. Dies scheint einer der Wege zu sein, das noch vorhandene, vorwiegend politisch begründete Mißtrauen gegenüber der vermeintlichen Abhängigkeit vom Westen abzubauen. Der Zeitpunkt dafür scheint angesichts der Öffnungsbewegungen in der Sowjetunion und einigen anderen RGW-Ländern und auch angesichts neuer vertraglicher Beziehungen zwischen der EG und den RGW-Ländern gut. Voraussetzung für Erfolge bleibt natürlich immer die politische Großwetterlage.

Emil Schmickl

EMPIRISCHE BEFUNDE ZUR WISSENSCHAFTLICHEN ZUSAMMENARBEIT MIT DER DDR UND DEN OSTEUROPÄISCHEN SOZIALISTISCHEN LÄNDERN[1]

I. Zu Entwicklung und Stand der Wissenschaftsbeziehungen zwischen beiden deutschen Staaten

Dem DDR-Forscher ist es alltägliche Erfahrung, was etwa von einem Orientalisten, einem Mathematiker oder einem Astronomen als weniger gravierend empfunden werden mag: die Wissenschaftsbeziehungen zur DDR lassen viele Wünsche offen. Sie sind in weiten Bereichen treffender als Nichtbeziehungen denn als schlechte Beziehungen zu charakterisieren[2]. DDR-Forscher müssen auf die Sperrigkeit ihres Gegenstandes und die Unansprechbarkeit von für sinnvoll gehaltenen Diskussionspartnern mit methodologischen Überlegungen reagieren. Für Wissenschaftler anderer Fachrichtungen stellt sich das Problem der Zugangsbeschränkung, der mangelnden Kooperationsmöglichkeit stärker unter dem Aspekt der ärgerlichen Ausgrenzung sonst üblicher Usancen. Äußerstenfalls verzichtet man ganz auf die Zusammenarbeit und weicht auf andere Länder aus.

Doch auch dann kommt man nicht immer zum Ziel: Zumindest im Fall der sozialistischen Länder in Osteuropa, die in zahlreichen Politikbereichen verflochten sind, besteht für die Wissenschaftsbeziehungen zur Bundesrepublik ein ebenfalls deutliches Defizit.

Diese Tatsache verweist darauf, daß die Ursachen für die ausgedünnten deutsch-deutschen Wissenschaftsbeziehungen nicht eine rein deutsche Besonderheit sind, sondern sehr stark vom Ost-West-Gegensatz geprägt werden. Dabei ist die Unterentwicklung der Beziehungen auf dem Gebiet der Wissenschaften zu den osteuropäischen Ländern und der DDR insofern paradox, als gerade

---

[1] Bei den statistischen Angaben in diesem Text konnte ich auf Vorarbeiten zurückgreifen, die von O. Bayer und H. Staatz erstellt worden waren.

[2] Dies führt für den Beobachter der innerdeutschen Beziehungen dann nicht selten dazu, daß die Problematik dieses Sachverhalts im zwischenstaatlichen Verhältnis kaum erkannt wird. Auch die Bemühungen um ein entsprechendes staatliches Abkommen werden meist eher beiläufig erwähnt, so auch bei J. Nawrocki: Die Beziehungen zwischen den beiden Staaten in Deutschland. Entwicklungen, Möglichkeiten und Grenzen, Berlin 1986.

nach dem Zweiten Weltkrieg die Bedeutung der Wissenschaften für die Entwicklung von Wirtschaft, Technik und Gesellschaft in den industrialisierten Ländern sprunghaft angewachsen ist. Mit den im Zuge dieser Entwicklung rasch sich vergrößernden Wissenschaftssystemen selbst wäre auch eine Zunahme der Kontakthäufigkeit und der Zusammenarbeit mit den osteuropäischen Ländern zu erwarten gewesen.

Doch nach dem Zweiten Weltkrieg führten Westintegration einerseits und Ostintegration andererseits nicht nur zu neuen Organisationen und Kommunikationsnetzen, sondern darüber hinaus auch zu neuen Sichtweisen und Paradigmen, zu neuen Disziplinstrukturen und zur Orientierung an unterschiedlichen Metatheorien. Die für Wissenschaftler eigentlich selbstverständliche Voraussetzung ihres Arbeitens, die ungehinderte Kommunikation und Kooperation über nationale und politische Grenzen hinweg, wurde empfindlich gestört.

Insbesondere die *offiziellen* Wissenschaftsbeziehungen zwischen der Bundesrepublik Deutschland einerseits und den sozialistischen Ländern andererseits tendierten lange Zeit gegen Null. Den Negativrekord halten in dieser Hinsicht die deutsch-deutschen Beziehungen.

— Zwischen der Deutschen Forschungsgemeinschaft und der dafür in Betracht kommenden Akademie der Wissenschaften der DDR bestehen noch immer keine Absprachen über eine Zusammenarbeit. Einzelne Wissenschaftler in der Bundesrepublik, die mit Kolleginnen und Kollegen in der DDR zusammenarbeiten wollen, werden von der DFG wegen der finanziellen Förderung von Begegnungen an das Bundesministerium für innerdeutsche Beziehungen verwiesen. Hingegen hat die DFG in den siebziger Jahren — beginnend 1970 mit der Sowjetunion — mit den Akademien oder mit Ministerien in den osteuropäischen sozialistischen Ländern Abkommen über die wissenschaftliche Zusammenarbeit geschlossen. Bereits vor dem Abschluß des schriftlichen Vertrages mit den entsprechenden Einrichtungen in der Sowjetunion 1970 hatte sich seit etwa fünf Jahren eine stabile Form der Zusammenarbeit entwickelt. Es folgten schriftliche Vereinbarungen der DFG 1974 mit Polen, 1975 mit Bulgarien, 1976 mit Rumänien und 1978 mit Ungarn. Mit der tschechoslowakischen Akademie der Wissenschaften pflegt die DFG einen Austausch nach dem Prinzip der Gegenseitigkeit seit 1969, der nicht auf einer förmlichen Vereinbarung, sondern auf einem Briefwechsel basiert.

— Auch der weltweit agierende Deutsche Akademische Austauschdienst unterhält keine Beziehungen zu Stellen in der DDR. Dagegen pflegt der DAAD den Austausch von Wissenschaftlern und Studenten mit dem Hochschulministerium der UdSSR (seit 1974, übernommen von der DFG), mit Polen, Bulgarien und Rumänien auf der Basis von Vereinbarungen mit Einrichtungen in diesen Ländern sowie mit Ungarn und der Tschechoslowakei auf der Basis mündlicher Absprachen. In speziellen Programmen wird der Wissenschaftsaustausch mit ost- und südosteuropäischen Ländern gefördert.

- Die Alexander von Humboldt-Stiftung, bei der Stipendiaten aus aller Welt sich bewerben können, hat bislang keine Stipendiaten aus der DDR zu verzeichnen. Dagegen weist die Betrachtung der Herkunft der Stipendiaten nach Regionen aus, daß aus sieben Ländern in Osteuropa 20% aller Stipendiaten der Humboldt-Stiftung kamen. Davor rangiert nur Westeuropa mit 20 Ländern und 22,3% der Stipendiaten. Ostasien hat mit 11 Ländern fast gleichviel wie Osteuropa, nämlich 19,8% der Stipendiaten aufzuweisen.[3]
- Während in jüngster Zeit einige Städtepartnerschaften mit der DDR zustande kamen, bestehen weiterhin keine Partnerschaften zwischen Hochschulen in den beiden deutschen Staaten. Auch hier liegen die anderen sozialistischen Länder weit vor der DDR. So bestanden nach einer Umfrage der Westdeutschen Rektorenkonferenz (WRK) vom April 1985 zu diesem Zeitpunkt 44 Hochschulpartnerschaften mit Polen, 19 mit Ungarn und 13 mit der Sowjetunion. Mit Hochschulen in Rumänien wurden 8, in Bulgarien 6 und in der Tschechoslowakei 4 Partnerschaften abgeschlossen[4]. Angemerkt sei hier nebenbei, daß die Ausfüllung von Partnerschaftsvereinbarungen zwischen Hochschulen allerdings höchst unterschiedlich ausfällt. Der zeitliche Schwerpunkt für den Abschluß von Hochschulpartnerschaften zwischen der Bundesrepublik Deutschland und den osteuropäischen Ländern lag in den Jahren 1980 bis 1984 (s. Abb. 1).
- Auch für die Max-Planck-Gesellschaft stellt sich die Situation kaum anders dar: Gemeinsame Projekte mit der DDR werden gar nicht durchgeführt, von den Stipendiaten und Gastwissenschaftlern in der MPG des Jahres 1983 kam einer aus der DDR von insgesamt 204 Wissenschaftlern aus Osteuropa[5].

Für das geringe Niveau der *institutionell verankerten* Wissenschaftsbeziehungen zur DDR lassen sich eine Reihe von Ursachen anführen. Mindestens die folgenden Faktoren spielen hier — wie im übrigen teilweise auch im Verhältnis zu den osteuropäischen Ländern — eine Rolle:

- die Abgrenzungsbemühungen der DDR, die in der zweiten Hälfte der sechziger Jahre einen Höhepunkt erreichten,
- die Integration der Forschungskapazität in multi- und bilaterale Institutionen der sozialistischen Länder,
- die Devisenknappheit, die zur Einschränkung der Beteiligung an internationalen Veranstaltungen und Projekten führt,
- die hierarchische Organisation der Wissenschaft und daraus resultierende Reisebeschränkungen ad personam,

---

[3] Alexander von Humboldt-Stiftung 1953–1983, Bonn 1984, S. 90.
[4] Vgl. Tabelle 1 und Abbildung 1.
[5] Lt. Angaben der MPG auf Anfrage des Verfassers.

Abbildung 1:

ANZAHL DER ABSCHLÜSSE VON KOOPERATIONSVEREINBARUNGEN MIT OSTEUROPÄISCHEN HOCHSCHULEN IN DEN JAHREN 1968 - 1985 NACH LÄNDERN

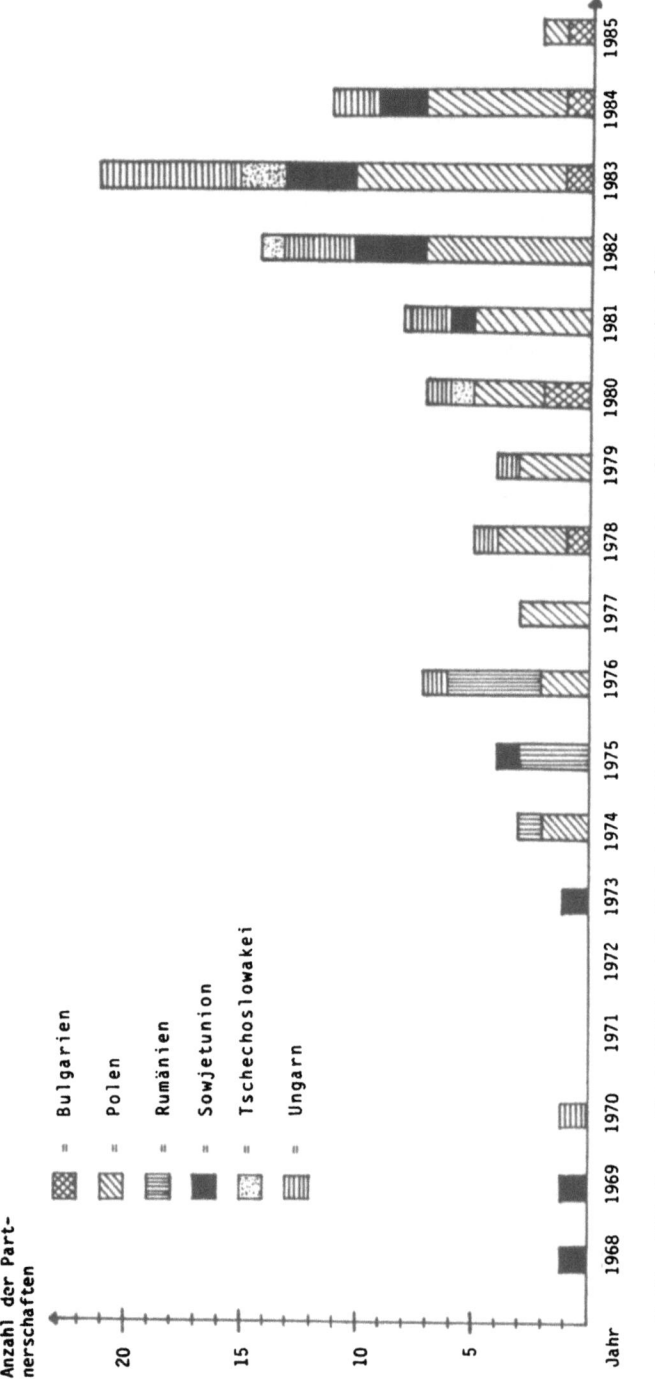

Quelle: WRK: Kooperationsvereinbarungen (Partnerschaften) zwischen deutschen und ausländischen Hochschulen.
Stand: April 1985

Empirische Befunde zur wissenschaftlichen Zusammenarbeit

Tabelle 1: Anzahl der Abschlüsse von Partnerschaftsvereinbarungen mit osteuropäischen Staaten auf Hochschulebene von 1968–1985 lt. Umfrage der WRK (ergänzt durch geplante Partnerschaften entsprechend dem Ergebnis einer eigenen Umfrage vom April 1985)

Verträge / Land	vor 1975	1975	1976	1977	1978	1979	1980	1981	1982	1983	1984	1985	keine Zeitangaben	geplant	insgesamt
Bulgarien					1		2			1	1	1			6
ČSSR							1		1	2				(1)	4
Polen	2		2	3	3	3	3	5	7	9	6	1		(2)	44
Rumänien	1	3	4												8
UdSSR	3	1			1	1		1	3	3	2				13
Ungarn	1		1			1	1	2	3	6	2		1	(2)	19
	7	4	7	3	5	4	7	8	14	21	11	2	1	(5)	94

Quelle: Westdeutsche Rektorenkonferenz (WRK) Dokumentation: Kooperationsvereinbarungen, Partnerschaften zwischen deutschen und ausländischen Hochschulen (Stand: April 1985), Bonn 1985.

- die relativ hohe Zufälligkeit im Zustandekommen vereinbarter Reisen und Forschungsaufenthalte,
- ein relatives Desinteresse an der wissenschaftlichen Zusammenarbeit mit der DDR auf seiten der Bundesrepublik. Dies ist zu konstatieren sowohl für Einrichtungen der Wissenschaftsförderung und -verwaltung, die teilweise aus politischen Gründen, teilweise auch wegen der Bildung und Fortschreibung anderer Schwerpunkte die Region der sozialistischen Länder nicht im Blick haben. Das Desinteresse besteht aber auch bei Wissenschaftlern in der Bundesrepublik, die teils durch die langjährige Entfremdung, teilweise durch andere wissenschaftliche Inhalte und durch Politisierung – insbesondere im Fall der Sozialwissenschaften –, teilweise durch bürokratische Hemmnisse und Zugangsbeschränkungen, sicher aber auch durch ihre Erwartungen an das Forschungsniveau in diesen Ländern sich von einer intensiveren Beschäftigung mit ihnen abhalten lassen.

Diesen die wissenschaftliche Ost-West-Kooperation hemmenden Faktoren steht eine Notwendigkeit und Wünschbarkeit verstärkter wissenschaftlicher Zusammenarbeit gegenüber. Die Notwendigkeit leitet sich ab aus der Begrenztheit der finanziellen und personellen Ressourcen auf beiden Seiten sowie aus globalen und systemübergreifenden Problemen, die eine wissenschaftliche Zusammenarbeit dringlich machen. Die Stichworte Reaktorsicherheit, Gefährdung ökologischer Gleichgewichte und Hungerkatastrophen in der Dritten Welt sollen dies nur ganz kurz illustrieren. Die politische Wünschbarkeit ist zu begründen mit dem Nutzen menschlicher Begegnungen, dem Austausch von Ideen und der Verbreiterung der Zusammenarbeit. Eine Übereinstimmung beider Seiten in diesem Bemühen wird dokumentiert in der Erklärung der Konferenz für Sicherheit und Zusammenarbeit in Europa, die 1975 in Helsinki stattfand. Eine Konkretisierung findet diese Erklärung im Abschluß des Kulturabkommens zwischen der Bundesrepublik Deutschland und der DDR vom Mai 1986 und in dem beiderseitigen Bemühen um ein Abkommen über wissenschaftlich-technische Zusammenarbeit, das wohl endgültig in diesem Jahr unterzeichnet werden kann.

Immerhin kann konstatiert werden, daß die zwischen Wissenschaftlern in der Bundesrepublik und Wissenschaftlern in der DDR *faktisch stattfindende Zusammenarbeit* dafür nicht so schlechte Voraussetzungen bietet, wie es die offiziellen Beziehungen auf der Ebene der Institutionen vermuten lassen.

So wurde z.B. die Zusammenarbeit zwischen den Wissenschaftlern in beiden deutschen Staaten in der Naturforschergesellschaft Leopoldina in Halle nicht aufgelöst. Diese Gesellschaft hat immer wieder herausragende bundesdeutsche Wissenschaftler zu Mitgliedern gewählt. 1985 wurde der jetzige Präsident der Deutschen Forschungsgemeinschaft Mitglied der Leopoldina.

Weniger erfolgreich, aber immerhin von Bestand ist auch die Zusammenarbeit der Akademien der Länder (in München, Heidelberg, Mainz, Düsseldorf und Göttingen) mit Wissenschaftseinrichtungen in der DDR. Fortgeführt werden eine Reihe gemeinsamer langfristiger Unternehmen, darunter eine Leibniz-Gesamtausgabe, eine Kant-Ausgabe und die Herausgabe der Werke des Aristoteles in deutscher Übersetzung[6]. Zumindest teilweise funktioniert auch der Schriftenaustausch zwischen den Akademien der Länder und Einrichtungen in den sozialistischen Ländern bzw. der DDR.

Nach wie vor gelangt ein sehr großer Teil der in der DDR angefertigten Dissertationen in die Bundesrepublik. Die Deutsche Bibliothek in Frankfurt erhält jeweils ein Exemplar von denjenigen DDR-Dissertationen, die keiner Einschränkung in der Weitergabe unterliegen[7].

Wissenschaftler aus der Bundesrepublik und aus der DDR begegnen sich auf internationalen Kongressen und in internationalen Fachgesellschaften und kommen dort miteinander ins Gespräch. Solche Kontakte können auch zu einem kontinuierlichen bilateralen wissenschaftlichen Austausch führen. Ein immerhin bemerkenswerter Anteil von Wissenschaftlern in der Bundesrepublik pflegte oder pflegt wissenschaftliche Kontakte zu Wissenschaftlern oder Forschungseinrichtungen in der DDR. Eine genauere Beschreibung dieser *Zusammenarbeit auf der personellen Ebene* ist von den Ergebnissen eines Projekts zu erwarten, das wir am IGW (Institut für Gesellschaft und Wissenschaft an der Universität Erlangen-Nürnberg) durchgeführt haben. Das Projekt steht wenige Monate vor dem Abschluß, so daß noch keine endgültigen Ergebnisse daraus berichtet werden können. Einige Tendenzen und Größenordnungen können allerdings von den ersten Ergebnissen bereits abgelesen werden.

II. Untersuchung zur internationalen Kooperation
von Wissenschaftlern

Intention dieses Projekts war es u.a., für die praktische Umsetzung und Ausfüllung des mit der DDR abzuschließenden Wissenschaftsabkommens Anhaltspunkte zu gewinnen.

Die Hauptfragestellungen des Projekts sind die nach:

— Entwicklung und Stand der deutsch-deutschen Wissenschaftsbeziehungen,
— der Struktur der internationalen Zusammenarbeit von Wissenschaftlern in der Bundesrepublik,

---

[6] Leserbrief in: Frankfurter Allgemeine Zeitung vom 18.7.1985 und Leibniz-Ausgabe. Gesamtdeutsch, in: FAZ vom 4.9.1985.
[7] Dazu ausführlich: Bleek, W.: Dissertationen aus der DDR — verborgene Quellen der DDR-Forschung?, in: Voigt, Dieter (Hrsg.), Die Gesellschaft der DDR: Untersuchung zu ausgewählten Bereichen, Schriftenreihe der Gesellschaft für Deutschlandforschung, Band X, Berlin 1984, S. 117–145.

— Determinationsfaktoren der internationalen wissenschaftlichen Zusammenarbeit,
— hemmenden und fördernden Faktoren der intersystemaren wissenschaftlichen Zusammenarbeit, also der wissenschaftlichen Zusammenarbeit über die unterschiedlichen politischen Systemgrenzen hinweg.

Vorbereitet wurde die Untersuchung durch persönliche Interviews mit Wissenschaftlern, die u.a. über ihre Erfahrungen in der Zusammenarbeit mit Kolleginnen und Kollegen in den sozialistischen Ländern berichteten. Einen ersten Schwerpunkt innerhalb des Projekts bildete eine Befragung von Institutionen in der Bundesrepublik nach Entwicklung und Stand der intersystemaren wissenschaftlichen Zusammenarbeit sowie Gespräche mit Experten aus Einrichtungen der Wissenschaftsförderung.

Den Mittelpunkt des Projekts bildete eine schriftliche Befragung von Wissenschaftlern in der Bundesrepublik. Mit dieser Befragung sollten Wissenschaftler erfaßt werden, die überwiegend im Bereich der Grundlagenforschung arbeiten. Wir haben uns deshalb beschränkt auf Angehörige von Universitäten, Großforschungseinrichtungen und Max-Planck-Instituten. Weiter sollten die Wissenschaftler bestimmten Fachrichtungen oder Forschungsfeldern zuzurechnen sein.

Die Befragung erfolgte in zwei Stufen, nämlich
— in der ersten Stufe mit einem Kurzfragebogen,
— in der zweiten Stufe mit dem Hauptfragebogen, der einen Schwerpunkt zur wissenschaftlichen Zusammenarbeit mit den osteuropäischen Ländern und der DDR enthielt.

III. Empirische Befunde aus der Untersuchung „Internationale Kooperation von Wissenschaftlern"

1. Kooperation im Selbstverständnis von Wissenschaftlern

Das Ost-West-Verhältnis wird häufig als Antagonismus beschrieben. Konflikt und Konkurrenz dominieren in weiten Bereichen die Beziehungen zwischen den unterschiedlichen Systemen. Tendenziell zunehmend kommen auch kooperative Elemente im Ost-West-Verhältnis zum Tragen. Der Begriff „antagonistische Kooperation" scheint insgesamt eine recht zutreffende Etikettierung dieser Tendenz im Verhältnis zwischen den westlich-demokratischen und den sozialistisch-zentralistischen politischen Systemen zu sein[8].

---

[8] Zur Charakterisierung der wissenschaftlich-technischen Zusammenarbeit zwischen der Bundesrepublik Deutschland und der DDR unter den Gesichtspunkten der antagonistischen Kooperation s. Brocke, R.H., C. Burrichter: Wissenschaftsdialog als Deutschlandpolitik, in: CIVIS 1/1987, S. 4 ff.

In unterschiedlichen Bereichen kommen jedoch die einzelnen Elemente — Konflikt, Konkurrenz, Kooperation — in verschiedenem Ausmaß zur Wirkung. Selbst innerhalb einzelner Bereiche, so insbesondere auch innerhalb des Bereichs der Wissenschaften, ist zu differenzieren. Je nach ihrem inhaltlichen Bezug zur gesellschaftlichen Nutzung und ihrer Distanz zu Entwicklung und Anwendung dominiert der eine oder andere Faktor in den verschiedenen Wissenschaften und Forschungsabschnitten. Diejenigen Wissenschaftler, die uns in Leitfadengesprächen (persönlichen Interviews) Auskunft gaben über ihre Auffassungen und Erfahrungen, arbeiteten fast alle im Bereich der reinen oder anwendungsorientierten Grundlagenforschung. Ihr Verständnis von wissenschaftlicher Kooperation kann wie folgt zusammengefaßt werden:

Kontakte mit anderen Wissenschaftlern sind selbstverständlicher und unverzichtbarer Bestandteil der wissenschaftlichen Tätigkeit. Diskussion und Zusammenarbeit mit Kolleginnen und Kollegen stehen im Zusammenhang mit

— der Gewinnung neuer Erkenntnisse,

— motivationalen und kreativitätsfördernden Effekten,

— arbeits- und forschungsökonomischen Zielsetzungen,

— der Ergänzung des eigenen Beurteilungsvermögens,

— der Unmittelbarkeit der Anschauung (z.B. von Versuchsanordnungen bei Naturwissenschaftlern),

— der Bestätigung der Zugehörigkeit zur idealiter vorgestellten weltweiten scientific community und — damit eng verbunden —

— der Erzeugung von Empathie auf der Basis der fachlichen Orientierung.

Die von uns im persönlichen Interview befragten Wissenschaftler scheinen Wissenschaft im Sinne einer Art Weltwissenschaft zu interpretieren, der bestimmte Gemeinsamkeiten zugrunde liegen und die prinzipiell eine Kooperation mit Wissenschaftlern aus anderen Ländern nicht ausschließt. Auch wissenschaftliche Zusammenarbeit über gesellschaftliche bzw. politische Systemgrenzen hinweg macht einen Sinn.

Auf die konkrete Frage, warum eine Wissenschaftskooperation mit den sozialistischen Ländern sinnvoll erscheint und angestrebt werden sollte, wurde eine Reihe von Gründen genannt, die zu fünf Kategorien zusammengefaßt werden können:

— Ein allgemeines wissenschaftliches Interesse an der intersystemaren Kooperation (Erkenntnisfortschritt, Effizienzsteigerung der Forschung, Ausweitung der Perspektiven, Anregung, Motivation).

— Ein spezifisches wissenschaftliches Interesse, das sich eher an bestimmten Fragestellungen, Problemen oder kompetenten Wissenschaftlern orientiert.

Tabelle 2: Motive, die für eine wissenschaftliche Zusammenarbeit mit Kolleginnen/Kollegen aus sozialistischen Ländern wichtig sein können.

n = 2.438; Zeilensumme = 100%; Angaben (gerundet) in % der Befragten

Man sollte mit Kolleginnen und Kollegen aus sozialistischen Länder zusammenarbeiten, um

	unwichtig oder weniger wichtig	weder noch, unentschieden	wichtig oder sehr wichtig	Keine Antwort
– den Stand der Wissenschaft dort beurteilen und vergleichen zu können	20	33	41	6
– durch die Nutzung der dort vorhandenen wissenschaftlichen Ressourcen dem eigenen Forschungsziel näherzukommen	35	32	27	7
– die Kolleginnen und Kollegen bei der Durchführung ihrer Forschungsprojekte zu unterstützen	22	43	29	7
– die Forschungsbedingungen in den sozialistischen Ländern vor Ort kennenzulernen	31	39	23	7
– die Trennung zwischen Ost und West wenigstens auf dem Gebiet der Wissenschaft zu überwinden	10	22	63	5
– grenzüberschreitende praktische Probleme gemeinsam lösen zu können	19	24	48	8

— Ein politisches Interesse, das auf den Abbau von Spannungen und Kommunikationsdefiziten zwischen den unterschiedlichen gesellschaftlichen Systemen gerichtet ist.
— Ein kulturelles Interesse, das eine Erbpflege, einen Abbau kultureller Distanz und ein Kennenlernen anderer Lebensweisen umfaßt.
— Schließlich ein allgemein menschliches Interesse, das auf die Pflege menschlicher Kontakte, den Abbau eventueller Spannungen zwischen ihnen und die Hilfe für Menschen in sozialistischen Systemen abstellt.

Ein Teil der hier genannten Gründe, die für eine Zusammenarbeit mit Wissenschaftlern in sozialistischen Ländern sprechen, wurde auch in unserer schriftlichen Umfrage bei Wissenschaftlern in der Bundesrepublik aufgeführt.

Die Auswertung der dazu gestellten Frage erbrachte folgendes Ergebnis:

Als besonders wichtig erschien den Befragten, „die Trennung zwischen Ost und West wenigstens auf dem Gebiet der Wissenschaft zu überwinden". Für wichtig oder sehr wichtig entschieden sich hier 63% der Befragten (unwichtig oder weniger wichtig: 10%). Die Vorgabe „grenzüberschreitende praktische Probleme gemeinsam lösen zu können" erreichte bei wichtig oder sehr wichtig 48% (unwichtig oder weniger wichtig: 19%). Es folgt dann „den Stand der Wissenschaft dort beurteilen und vergleichen zu können" mit 41% für wichtig oder sehr wichtig (unwichtig oder weniger wichtig: 20%). Als am wenigsten wichtig erschien es den Befragten, „die Forschungsbedingungen in den sozialistischen Ländern vor Ort kennenzulernen" (vgl. Tab. 2).

Das politische Motiv einer wissenschaftlichen Zusammenarbeit, die durch die Blockzugehörigkeit der Länder aufgerichteten Barrieren abzubauen, wird also von den Befragten als besonders dringlich empfunden. Die ebenfalls recht große Bedeutung, die der Lösung grenzüberschreitender praktischer Probleme mit Hilfe wissenschaftlicher Zusammenarbeit zugesprochen wird, muß wohl auch im Licht des Zeitpunkts der Fragestellung gesehen werden: Unsere Befragung fand im Frühsommer und Sommer 1986, also sicher auch unter dem Eindruck der Reaktorkatastrophe von Tschernobyl, statt.

2. Häufigkeit wissenschaftlicher Kontakte nach Ländern

So wichtig oder bedeutsam das politische Interesse an einer Zusammenarbeit über die Systemgrenzen hinweg — eben um politische Gegensätze abzubauen — bei den befragten Wissenschaftlern auch sein mag, so wenig kann es letztlich andere Faktoren außer Kraft setzen, die die Struktur der internationalen wissenschaftlichen Kommunikation und Zusammenarbeit bestimmen. Dominierend scheinen hierfür in erster Linie die Wissenschaftspotentiale der verschiedenen Länder im Zusammenhang mit ihrer Effizienz zu sein. Diese Interpretation drängt sich auf, wenn man die Rangreihe der Länder betrachtet, die sich aus der Kontakthäufigkeit der befragten Wissenschaftler zu Kolleginnen und Kollegen in anderen Ländern ergibt. Die entsprechende Frage in unserer schriftlichen Befragung lautete: „Zu Wissenschaftlern aus welchen Ländern hatten Sie schon Kontakt?" (vgl. Tab. 3).

Tabelle 3: Stellenwert der Länder in der internationalen wissenschaftlichen Zusammenarbeit
(„Zu Wissenschaftlern aus welchen Ländern hatten Sie schon Kontakt?")
n = 4.969; Häufigkeit der Nennungen in % der Befragten

USA	73,3		
Großbritannien	55,8		
Frankreich	46,1		
Schweiz	36,8		
Niederlande	36,5		
Österreich	35,4		
Japan	29,9		
Italien	28,4		
DDR	27,2	DDR	27,2
Polen	26,4	Polen	26,4
Belgien	22,9		
Kanada	22,7		
VR China	21,2		
Israel	20,7		
Schweden	20,5		
Sowjetunion	20,4	Sowjetunion	20,4
Australien	20,1		
Indien	19,0		
		Ungarn	13,9
		Tschechoslowakei	12,1
		Bulgarien	6,8
		Rumänien	6,1

(Zum weiteren Vergleich: um 11 % bewegen sich Spanien, Griechenland, Norwegen, Finnland)

In dieser Rangreihe stehen unangefochten die USA mit 73% der Nennungen an erster Stelle. Mit deutlichem Abstand folgt Großbritannien mit 56%, dann Frankreich mit 46%, die Schweiz mit 37%, die Niederlande mit ebenfalls fast 37%, Österreich mit gut 35%, Japan erreicht fast 30% und Italien 28%. Auf den ersten acht Plätzen stehen also westliche Industrienationen, von denen man annehmen darf, daß sie ein hohes bis sehr hohes Forschungsniveau aufweisen.

Überraschenderweise folgen dann aber bereits die DDR mit 27% der Nennungen und Polen mit 26%. Auf den Plätzen 11, 12 und 13 liegen dann dicht beieinander mit etwa 22% Belgien, Kanada und die Volksrepublik China. Auf Platz 16 folgt dann — knapp hinter Israel und Schweden — die Sowjetunion mit etwas über 20% der Nennungen. Australien und Indien erreichen 20 bzw. 19%. Deutlich weiter unten rangieren die kleineren sozialistischen Länder in Osteuropa: Ungarn mit 14%, die Tschechoslowakei mit 12%, Bulgarien mit etwa 7 und Rumänien mit 6%. Zum weiteren Vergleich kann noch angeführt werden, daß Spanien, Griechenland, Norwegen und Finnland sich um etwa 11% bewegen, also erheblich z.B. vor Bulgarien und Rumänien rangieren.

Allein aus der Kontakthäufigkeit zu Wissenschaftlern eines bestimmten Landes darf nun allerdings noch nicht auf das Forschungsniveau in diesem Land geschlossen werden. Die Kontakthäufigkeit wird mit Sicherheit auch bestimmt durch geographische Nähe, durch Sprachkenntnisse, kulturelle Identität oder Gleichartigkeit und durch ähnliche oder identische Forschungsschwerpunkte und -interessen. Für die Beurteilung des Forschungsstandes in einem Land ist deshalb auch das Informationsverhalten in bezug auf den wissenschaftlichen Output dieses Landes ein wichtiger Indikator.

Es ist deshalb nicht verwunderlich, daß sich im Vergleich zur Kontakthäufigkeit für den Informationsgrad über den Stand der Forschung in den sozialistischen Ländern im eigenen Arbeitsgebiet eine etwas veränderte Rangreihe der Länder ergibt[9]. Wohl aufgrund der gemeinsamen Sprache und der geographischen Nähe rangiert auch hier wieder die DDR vor den osteuropäischen sozialistischen Ländern. Über den Stand der Forschung im eigenen Arbeitsgebiet in der DDR sind von den von uns Befragten 40% sehr gut oder gut informiert, etwas informiert sind 38%, gar nicht informiert 21%. Vor Polen rangiert nun die Sowjetunion mit den Prozentangaben 26 für sehr gut oder gut informiert, 40 für etwas informiert und 34 für gar nicht informiert. Mit wiederum deutlichem Abstand folgen Ungarn und die Tschechoslowakei, weit abgeschlagen Bulgarien und Rumänien: Über den Forschungsstand im eigenen Fachgebiet in diesen beiden zuletzt genannten Ländern sind 76% der Befragten gar nicht informiert (vgl. Tab. 4).

Ergänzend sei hier angeführt, welche Bedeutung verschiedenen Informationsquellen in diesem Zusammenhang zukommt. Unsere entsprechende Frage bezog sich nur auf den Forschungsstand in den sozialistischen Ländern. Die höchste Zahl von Nennungen — bei Möglichkeit von Mehrfachnennungen — erhielt

---

[9] Die durch die nachfolgenden Zahlen dargestellte Veränderung gegenüber der Kontakthäufigkeit hat auch methodische Gründe: Die Kontakthäufigkeit wurde mit dem Kurzfragebogen ermittelt, der Grad der Information über den Forschungsstand in den sozialistischen Ländern mit dem Hauptfragebogen. Diejenigen Befragten, die außer dem Kurzfragebogen auch den Hauptfragebogen zurückgeschickt haben, gaben im Durchschnitt mehr internationale Kontakte an als diejenigen, die nur den Kurzfragebogen beantwortet hatten.

**Tabelle 4: Informationsgrad über den Stand der Forschung
in den sozialistischen Ländern im eigenen Arbeitsgebiet**

n = 2.438; Häufigkeit der Nennungen in % der Befragten (gerundet)

Land	sehr gut oder gut informiert	etwas informiert	gar nicht informiert
DDR	40	38	21
Sowjetunion	26	40	34
Polen	25	32	42
Ungarn	18	27	56
ČSSR	15	26	58
Bulgarien	7	16	76
Rumänien	7	17	76

die Fachliteratur mit 81%, gefolgt von Vorträgen auf Kongressen und Tagungen mit 51% und von „Gespräche und Korrespondenz mit Fachkollegen aus osteuropäischen Ländern oder der DDR" mit fast 44%. Erheblich weniger genannt wurden „Gespräche mit Fachkollegen aus der Bundesrepublik" (20%) und „Fachinformationsdienste" mit nur 14%. (10% der befragten Wissenschaftler sind über den Forschungsstand in keinem dieser Länder informiert.)

3. Häufigkeit verschiedener Formen der Zusammenarbeit

Eine interessante Differenzierung der globalen Kontakthäufigkeit nach Ländern ergibt sich, wenn man nach unterschiedlichen Formen der Kooperation aufschlüsselt. Hier werden wiederum die führenden westlichen Industrieländer beiseite gelassen und nur die Ergebnisse für die DDR und die sozialistischen Länder in Osteuropa betrachtet.

Um zu pointieren, werden nur die Platzziffern der einzelnen Länder genannt, die sie in einer Rangreihe erreichen, die sich aus der Zahl der Nennungen pro Land bei den verschiedenen Kooperationsformen ergibt.

Bei der Kooperationsform „briefliche/telefonische Kontakte, Austausch von Arbeitspapieren, Forschungsberichten und Sonderdrucken" steht die DDR in der Rangreihe der Länder an 8. Stelle, gefolgt von Polen an 11. Stelle und der Sowjetunion an 16. Stelle. Ungarn, die Tschechoslowakei, Bulgarien und Rumänien erreichen die Plätze 20, 21, 28 und 29.

Die Häufigkeit des Besuchs von Kongressen und Tagungen in den genannten Ländern schlägt sich wie folgt nieder: 11. Platz DDR, 13. Platz Ungarn, 14. Platz Polen, 17. Platz Sowjetunion, 18. Platz Tschechoslowakei. Hier liegen diese Länder auch nach den Prozentzahlen nicht sehr weit auseinander. Deutlich dahinter rangieren jedoch an 26. und 31. Stelle die Länder Bulgarien und Rumänien.

Beim Gedanken- und Informationsaustausch mit Gastwissenschaftlern in der eigenen Forschungseinrichtung verliert die DDR ihre Spitzenstellung innerhalb der sozialistischen Länder und wird deutlich überrundet durch Polen, das hier in der Länder-Rangliste an 5. Stelle steht. Relativ nahe beieinanderliegend folgen mit Platz 15 die DDR, an 16. Stelle die Sowjetunion und an 19. Stelle Ungarn. Wieder ganz hinten in der Rangreihe finden sich Bulgarien und Rumänien auf den Plätzen 28 und 30.

Aus der Häufigkeit von Kurzaufenthalten in anderen Ländern ergibt sich folgendes Bild: 8. Polen, 14. Sowjetunion, 17. DDR, 20. Ungarn, 26. Tschechoslowakei, 29. Bulgarien, 32. Rumänien.

Eine hohe Reisefreudigkeit polnischer Wissenschaftler signalisiert auch die Häufigkeit gemeinsamer Forschungsprojekte der Befragten mit Gastwissenschaftlern aus anderen Ländern in der Bundesrepublik. Hier erreicht Polen wiederum den 5. Platz. Es folgen an 14. und 18. Stelle die Sowjetunion und Bulgarien, an 20. Stelle Ungarn. Die DDR liegt hier sehr weit hinten auf Platz 26, gefolgt von Rumänien und der Tschechoslowakei auf den Plätzen 28 und 29. Eine ähnliche Rangfolge ergibt sich bei gemeinsamen Publikationen mit Wissenschaftlern aus anderen Ländern. Die DDR liegt hier auf Platz 25 in der Länderliste.

Bei Studien- und Forschungsaufenthalten in anderen Ländern von über 4 Wochen geht die Zusammenarbeit der bundesdeutschen Wissenschaftler mit Wissenschaftlern in der DDR gegen Null. Hier erreicht die Sowjetunion Platz 16 in der Länderliste. Deutlich dahinter folgen auf Platz 25 Polen und auf Platz 26 Ungarn. Die Plätze 27, 28 und 29 belegen Bulgarien, Rumänien und die Tschechoslowakei. Das Schlußlicht auf Platz 31 ist in diesem Fall die DDR.

Ein Vergleich der verschiedenen hier genannten Kooperationsformen zeigt, daß bei den weniger aufwendigen Formen der Zusammenarbeit die DDR relativ häufig genannt worden ist. Immerhin knapp 21% der Befragten gaben an, in brieflichem oder telefonischem Kontakt mit Kolleginnen und Kollegen aus der DDR zu stehen oder mit diesen Arbeitspapiere, Forschungsberichte oder Sonderdrucke auszutauschen. Fast 12% der Befragten haben Kongresse und Tagungen in der DDR besucht. Desillusionierend wirkt demgegenüber allerdings die Häufigkeit der Zusammenarbeit mit Wissenschaftlern in der DDR bei den aufwendigeren Kooperationsformen. Insbesondere gemeinsame Forschungsprojekte mit Wissenschaftlern aus der DDR in der Bundesrepublik, gemeinsame Veröffentlichungen und längerfristige Aufenthalte in der DDR besitzen den Charakter des Exklusiven oder gar Exotischen. Hier besteht ein eklatanter Abstand zu den Verhältnissen in der internationalen Wissenschaftskooperation insgesamt.

4. Besonderheiten und Probleme der Ost-West-Wissenschaftskooperation

Auf der Basis der von uns durchgeführten Institutionenbefragung, nämlich von Forschungsförderungseinrichtungen und Forschungsträgern sowie von Gesprächen mit Experten, soll abschließend versucht werden, eine sehr verkürzte und stark vergröbernde Beschreibung von Charakteristika der West-Ost-Wissenschaftskooperation zu geben.

Die wissenschaftliche Zusammenarbeit der Bundesrepublik Deutschland mit den sozialistischen Ländern in Mittel- und Osteuropa hat sich in den vergangenen zehn Jahren bei weitem nicht im gleichen Umfang entwickelt wie die übrige internationale Wissenschaftskooperation. Ihr relativer Anteil hat teilweise sogar abgenommen. Diese verallgemeinernde Feststellung ist jedoch zu differenzieren nach Ländern, nach Fächern, nach Formen der Kooperation und nach den Institutionen, denen die Wissenschaftler in der Bundesrepublik angehören.

Den Umfang der Zusammenarbeit mit den einzelnen Ländern bestimmt nicht allein deren Wissenschaftspotential. Überlagert wird dessen Bedeutung durch die unterschiedliche Nutzung dieses Potentials, durch sprachliche, kulturelle und historische Gegebenheiten, durch aktuelle Interessen der beteiligten Länder und durch politische Entwicklungen im Block und den Ländern. Schwankungen in der politischen Großwetterlage schlagen insbesondere auf die Wissenschaftsbeziehungen zu den kleinen osteuropäischen Ländern durch. Eine kontinuierliche – wenn auch nur allmähliche – Zunahme der Wissenschaftskontakte zeigt sich im Verhältnis zur Sowjetunion. Mißt man die wissenschaftliche Zusammenarbeit mit der Sowjetunion jedoch an deren Wissenschaftspotential, dann erscheint sie als besonders gering.

Die meisten sozialistischen Länder konzentrieren ihre Zusammenarbeit mit der Bundesrepublik auf die naturwissenschaftlich-technischen Disziplinen. Das Interesse an einer Zusammenarbeit in den Geistes- und Sozialwissenschaften ist meist in der Bundesrepublik sehr viel stärker ausgeprägt. Die Zusammenarbeit in den Natur- und Technikwissenschaften wird auch dadurch erleichtert, daß hier beide Seiten auf einem im Kern nicht kontroversen Wissenschaftsverständnis aufbauen. Unterschiedliche Paradigmen und ideologische Setzungen erschweren bisweilen die Zusammenarbeit in den Sozialwissenschaften.

In allen Fächern gleichermaßen wird die Zusammenarbeit dadurch behindert, daß sie insbesondere auf seiten der sozialistischen Länder rigiden bürokratischen Bestimmungen, institutionellen und personellen Beschränkungen sowie immer wieder auch Zufälligkeiten unterliegt. Nicht alle diese hemmenden Faktoren sind politischen Ursprungs; manchmal sind sie auch tief gesellschaftlich oder kulturell verwurzelt.

LITERATURVERZEICHNIS

Alexander von Humboldt-Stiftung 1953—1983, Bonn 1984.

Bekanntmachung über die Aufhebung einer Rechtsvorschrift auf dem Gebiet von Wissenschaft und Technik, in: Gesetzblatt der DDR, Teil I, Nr. 24/1986, S. 349.

Beschluß über Grundsätze für die Gestaltung ökonomischer Beziehungen der Kombinate der Industrie mit den Einrichtungen der Akademie der Wissenschaften sowie des Hochschulwesens, in: Gesetzblatt der DDR, Teil I, Nr. 2/1986, S. 9—12.

Biermann, W.: Das Wissenschaftspotential des Kombinats, in: Einheit, Heft 1, 1986, S. 21—27.

Bleeck, W.: Dissertationen aus der DDR — verborgene Quellen der DDR-Forschung?, in: Voigt, Dieter (Hrsg.), Die Gesellschaft der DDR: Untersuchung zu ausgewählten Bereichen, Schriftenreihe der Gesellschaft für Deutschlandforschung, Band X, Berlin 1984, S. 117—145.

Brocke, R.H./C. *Burrichter:* Wissenschaftsdiaglos als Deutschlandpolitik, in: CIVIS 1, 1987, S. 4 ff.

Brockhoff, K.: Spitzentechnik, in: Wirtschaftswissenschaftliches Studium, Heft 9, 1986, S. 431—435.

Buck, H.F.: Forschungs- und Technologiepolitik in der DDR — Ziele, Lenkungsinstrumente, Mobilisierungsmittel und Ergebnisse, in: Gutmann, Gernot (Hrsg.), Das Wirtschaftssystem der DDR, Stuttgart/New York 1983, S. 229—309.

Bundesbericht Forschung V, 1981.

Bundesverband der Deutschen Industrie (Hrsg.): Industrieforschung — Schlüsseltechnologien, Köln 1986.

Förtsch, E.: Institutionen und Prozesse der forschungspolitischen Lenkung und Planung, in: Institut für Gesellschaft und Wissenschaft (Hrsg.), Das Wissenschaftssystem in der DDR, 2. Aufl., Frankfurt/New York 1979, S. 67—125.

Gesetz über den Fünfjahrplan für die Entwicklung der Volkswirtschaft der DDR 1986 bis 1990, in: Gesetzblatt der DDR, Teil I, Nr. 36/1986, S. 449—465.

Goerig, M./F. *Hoche:* Unsere neuen Maßstäbe für die Forschungskooperation — eine Herausforderung an die Universitäten und Hochschulen sowie an ihre Partnerkombinate, in: Das Hochschulwesen, Heft 12, 1986, S. 309—312.

Hager, K.: Der XI. Parteitag der SED und die Aufgaben der Universitäten und Hochschulen der DDR, in: Das Hochschulwesen, Heft 9, 1986, S. 219—231.

Honecker, E.: Die Aufgaben der Parteiorganisationen bei der weiteren Verwirklichung der Beschlüsse des XI. Parteitages der SED, in: Neues Deutschland 7./8.2.1987, S. 5.

Klein, H./H. *Smettan:* Die Humboldt-Universität als produktiver Partner der Volkswirtschaft, in: Einheit, Heft 1, 1987, S. 39–44.

Klinger, F.: Die Krise des Fortschritts in der DDR. Innovationsprobleme und Mikroelektronik, in: Aus Politik und Zeitgeschichte, Heft 3, 1987, S. 3–19.

Koziolek, H.: Die ökonomische Strategie des XI. Parteitags der SED und die neue Stufe der Verbindung von Wissenschaft und Produktion, in: Wirtschaftswissenschaft, Heft 10, 1986, S. 1447–1458.

Krakat, K.: Schlüsseltechnologien in der DDR: Anwendungsschwerpunkte und Durchsetzungsprobleme, in: Forschungsstelle für gesamtdeutsche wirtschaftliche und soziale Fragen (Hrsg.), FS-Analysen, Heft 5, 1986, S. 113–175.

Kramer, J./H. *Schwarz:* Erfahrungen und Probleme beim Aufbau und bei der Nutzung von Technika im Hochschulwesen, in: Hochschulwesen, Heft 5, 1982, S. 119–121.

Kusicka, H.: Aufgaben und Erfahrungen bei der Beschleunigung des wissenschaftlich-technischen Fortschritts in der neuen Stufe der Verbindung von Wissenschaft und Produktion, in: Wirtschaftswissenschaft, Heft 10, 1986, S. 1472–1484.

Langhoff, N.: Katalysator für Wissenschaft und Technik, in: spectrum, Heft 10, 1986, S. 6.

Langhoff, N./H. *Maier*/K. *Meier:* Forschungstechnik im Kampf um Spitzenpositionen, in: Einheit, Heft 1, 1986, S. 28–34.

Lauterbach, G.: Technischer Fortschritt und Innovation, Erlangen 1982.

Nawrocki, J.: Die Beziehungen zwischen den beiden Staaten in Deutschland. Entwicklungen, Möglichkeiten und Grenzen, Berlin 1986.

Nick, H.: Wissenschaftlich-technische Revolution – Veränderung des Typs der Technik und der gesellschaftlichen Organisation von Produktion und Arbeit, in: Wirtschaftswissenschaft, Heft 9, 1986, S. 1303–1320.

Nötzold, J.: Sowjetische Wirtschaftspolitik unter Gorbatschow, in: Die Neue Gesellschaft, Heft 12, 1985, S. 1119–1123.

Pätzold, R.: Ökonomischer Nutzen von Lizenzen, Berlin (Ost) 1976.

Pieper, A.: Produktivkraft Information, Köln 1986.

Reinhold, O. (a): Die Gestaltung unserer Gesellschaft, Berlin (Ost) 1986.

– (b): Produktivkräfte und Produktionsverhältnisse bei der Gestaltung des entwickelten Sozialismus in unserer Republik, in: Einheit, Heft 10, 1986, S. 884–889.

Scheler, W.: Wirtschafts- und Wissenschaftsstrategie, in: Einheit, Heft 12, 1983, S. 1103–1108.

Scherzinger, A.: DDR: Instrumentarium für Forschung und Entwicklung ausgebaut, in: DIW-Wochenbericht, Nr. 19, 1987, S. 266–271.

Schiller, S.: Über Leiten und Motivieren, in: Einheit, Heft 9, 1986, S. 846–849.

Schirmer, G.: Spitzenleistungen erfordern Spitzenkräfte, in: Einheit, Heft 10, 1986, S. 917–921.

Schmalholz, H./L. *Scholz:* Innovationsdynamik der deutschen Industrie in den achtziger Jahren, in: ifo-Schnelldienst 1–2, 1987, S. 20–28.

Vogt, E.: Automatisierung ganzer technologischer Prozesse im Blickpunkt der Forschung, in: Presse-Informationen, Nr. 123, 1986, S. 2.

Weiz, H.: Die Rolle der Naturwissenschaften für die Technik, in: Wissenschaftliche Zeitschrift der Technischen Hochschule Karl-Marx-Stadt, Heft 1, 1986, S. 9–23.

DIE VERFASSER

Dr. *Helmut Giesecke*, Deutscher Industrie- und Handelstag, Bonn

Dr. *Carsten Kreklau*, Bundesverband der Deutschen Industrie e.V., Köln

Dr. *Günter Lauterbach*, Institut für Gesellschaft und Wissenschaft an der Universität Erlangen-Nürnberg

Dr. *Klaus-Eberhard Murawski*, Bundesministerium für innerdeutsche Beziehungen, Bonn

Prof. Dr. *Hartmut Schiedermair*, Institut für Völkerrecht und ausländisches öffentliches Recht der Universität zu Köln

Dr. *Emil Schmickl*, Institut für Gesellschaft und Wissenschaft an der Universität Erlangen-Nürnberg

DIE HERAUSGEBER

Prof. Dr. *Gernot Gutmann*, Universität zu Köln

Prof. Dr. *Siegfried Mampel*, Freie Universität Berlin

Printed by Libri Plureos GmbH
in Hamburg, Germany